U0269280

Mediterranean Diet

专业主厨的地中海料理教本

谢宜荣　著
徐博宇　摄影

河南科学技术出版社

· 郑州 ·

将毕生所学，结合地中海饮食的观念，回归简朴健康的美味

　　我从1985年开始从事厨师工作，师从多位世界大厨学习西餐厨艺。早在十几年前，地中海饮食就开始盛行，我的职业让我能将所学到的各种料理技巧，结合地中海饮食的观念，运用在餐厅的菜色上，让来用餐的朋友能享用到更健康美味的料理。我自己在生活中也将它们实践在日常的饮食中。

　　地中海饮食料理的特色在于大多采用初榨橄榄油及天然食材，搭配极简单的烹调方式。有许多研究数据证明在地中海沿岸，当地人罹患心血管疾病的比例相当低，主要原因就是经常食用初榨橄榄油，不论是生菜沙拉还是料理用油，初榨橄榄油都被广泛使用。这种均衡饮食搭配优质的橄榄油的用餐方式，事实证明对健康有很大的帮助，因此，地中海饮食也逐渐获得世界各国营养师的大力推荐。

　　很多人因为工作忙碌，常常选择在外用餐，因此容易吃到重油重盐的餐点以及很多人工调味料。这类食物吃久了、吃多了，非常容易累积一些"富贵病"，因此大家要尽量吃好食物、好食材，利用简单的烹调方式吃原味或简单的料理，更要养成将每一口食物在口中细细咀嚼至少15下，去感受食物的味道与口感的习惯。通过咀嚼，除了可以好好享受一顿饭，还可以学习认识食材的味道。

　　随着年纪逐渐增长，我开始明白身体并不是能无限随意消耗的资产，懂得注重饮食均衡及适量的运动才是身体"保本"的王道。当我受邀写这本食谱时，我有一种强烈的使命感，想要把所学习到的最好的食谱写在这本书里和大家分享。材料选用上，尽可能使用本地及大家容易购买到的食材；做法上，尽量让步骤简单化又可以做到美味可口，让大家能容易上手，轻松做地中海美食，更重要的是让大家吃得非常健康。

　　爱惜自己和家人的身体，可以从饮食开始做起。希望这一本食谱能让您的生活，因为健康而变得更多姿多彩；也希望通过一起用餐，能让您和家人、朋友变得更亲近！

Contents

目录

P — A — R — T

1

沙拉酱料、基础高汤、手作意大利面与基础酱料
Salad Dressing、Basic Broth、Homemade Pasta & Sauce

P — A — R — T
2

前菜与沙拉
Appetizer & Salad

P—A—R—T

3

疗愈汤品
Comfort Soup

P — A — R — T
4

就爱意大利面
Love Pasta

PART

5

经典主菜
Classic Main Course

P — A — R — T

6

完美甜点
Perfect Desserts

如何使用本书

1.

料理成品图

精致真实的成品图，让人
看了忍不住想马上依样画
葫芦自己动手做做看。

3.
料理名称
让人一目了然，清楚了解菜色。

4.
材料一览表
依照料理顺序整理食材，就能马上清楚制作步骤。

5.
前置准备（图片仅作部分展示）
在开始料理之前，将需要清洗或刀切的材料准备就绪。

6.
大厨示范步骤
由师傅亲自示范的步骤照片，能清楚看到操作过程与食材变化。

7.
步骤文字说明
阅读步骤图片对应的文字说明，在脑海中更有逻辑性地演练一遍制作过程。

8.
主厨的提示
让主厨告诉你，如何掌握这道菜的料理技巧与重点。

Mediterranean Diet · PART2 · Appetizer & Salad

甜橙芦笋番茄沙拉
Orange, asparagus and tomato salad

| 分量··2人份

材料··

柳橙——2 个
芦笋——50 g
圣女果——15 个

调味料··

意大利油醋——50 g
海盐——少许
现磨黑胡椒——少许
干燥奥勒冈叶——极少许

注 意大利油醋做法请参考 P.31

准备工作··

柳橙去皮取出片状果肉；芦笋切约 5 cm 长；圣女果对切备用。

1. 将芦笋氽烫熟后捞起。

2. 马上泡入冰水冷却后，捞起沥干备用。

3. 将全部材料放入调理盆中。

4. 先淋上意大利油醋拌均匀。

5. 撒上其他调味料拌匀即可。

主厨的提示

可依个人喜好在意大利油醋中加入一些柳橙皮，让柳橙的风味更凸显出来。

51

地中海饮食基础知识

"严格节食维持而来的健康，也是一种烦人的病。"

孟德斯鸠

在电视、报刊上，我们经常都能看到或听到大家在讨论"地中海饮食"，这种能让人身体获得健康又不必承受节食痛苦（甚至能大快朵颐）的饮食方式，其实就是环地中海国家的饮食习惯。早在20世纪40年代就发现，习惯于这种饮食方式的国家的居民，普遍罹患心血管疾病的比例很低，更重要的是都活力充沛。而在2000年之后，大量医学临床实验证明，这样的饮食习惯不只能延长寿命、保护心脏、对抗发炎，还能预防失智，对身体健康非常有益。更在2010年，联合国教科文组织（UNESCO）将地中海饮食列入西班牙、希腊、意大利和摩洛哥联合拥有的非物质文化遗产名录。

大家都知道要控制饮食，但是如果让人通过严格节食来控制饮食其实是没有意义的。所以地中海饮食这种既健康又能乐活享受的饮食方式，让身在亚洲的我们羡慕不已。但是，一定会有很多人觉得远在地中海地区的各种食材不易取得，这些食材的价格可能也很昂贵，要实行起来非常困难。本单元将为大家解析地中海饮食的基础架构，只要明了这样的饮食结构，就可以利用本地当季的各种食材，制作类似的健康又美味的各式佳肴。

轻松掌握！快速理解！地中海饮食金字塔

地中海饮食的关键在于摄取脂肪、蛋白质、膳食纤维等的比例与方式。首先一定要食用大量的蔬菜水果；第二，将总脂肪摄取量控制在日常所需能量的25%～35%，饱和脂肪酸的摄取量尽量控制在日常所需能量的8%以下，尽量食用含不饱和脂肪酸的食材；第三，脂肪的摄取来源以橄榄油（品质好的食用油均可）、乳制品为主，蛋白质的摄取来源以海鲜、家禽类为主，红肉类为辅，再搭配少量的红酒（淡茶）、甜点等；最后，一定要进行适量的运动，让身体代谢正常。

尽管叫作地中海饮食，但并不是所有环地中海国家都制式化地遵照同样的烹调饮食方式。例如，非洲北部和中东国家很多使用羊脂或酥油，意大利北部常使用猪油、奶油来烹调食物……所以我们当然也可以使用苦茶油、芝麻油等来当作部分脂肪摄取的来源之一。

地中海饮食金字塔

月月偶尔吃

甜点
喜欢吃的甜点都可以选择

酒类
适量饮用白酒、葡萄酒或啤酒

周周选择吃

红肉类
牛肉、猪肉或羊肉均可

乳制品
起司等奶制品可适量享用

天天适量吃

优质蛋白质
以新鲜海鲜、鱼肉、鸡肉为首选

品质优良的食用油
橄榄油、葡萄籽油、苦茶油、芝麻油、葵花油等均可

豆类与坚果
适量摄取坚果与豆类

餐餐都可吃

大量新鲜蔬菜、水果
尽量选择当季蔬菜与水果

淀粉全谷类主食
十谷米、胚芽米、荞麦面、意大利面、面包等

每天进行适量的运动

地中海饮食原则

1. ——大量摄取蔬菜、水果

这些食材可提供丰富的膳食纤维，并提供大量的维生素、矿物质等，大多是天然的抗氧化剂，能减少身体自由基的产生。尽量选择当季新鲜的蔬菜与甜度不太高的水果，盛产季节的蔬果价格合理，多食蔬果也很契合亚洲人信奉的食疗的原则。

2. ——淀粉、豆类的摄取来源

淀粉能提供饱足感，因此，除了平常吃的白米饭、面条、面包等之外，不妨以胚芽米、十谷米、大燕麦面、红藜、黑豆等来取代部分淀粉的摄取，它们富含膳食纤维与优质的植物性蛋白，营养成分更多元。除了上述这些之外，烹煮时，还可以搭配新鲜的豆

类，例如豌豆、青豆、皇帝豆等，一起食用不但口感更棒，营养更是满分。

3. ——蛋白质的摄取来源

蛋白质来源多以鱼类及海鲜类为主，例如虱目鱼、鲭鱼、秋刀鱼等，同时它们富含ω-3脂肪酸，能降低罹患心血管疾病的风险与预防失智。另外，蛋类、牛奶等乳制品也可以适量地补充。

国人爱吃肉，怎么可以没有肉呢？但是红肉胆固醇、脂肪含量高，容易引发高血压、脑中风等心脑血管疾病。而地中海饮食最棒的地方就是并没有禁止食用红肉喔！但是要注意减少红肉的食用频率，并且选择脂肪含量少的部位，例如猪肉选择里脊、牛肉选择菲力等部位。烹调时使用好的油脂，尽量以低温方式料理，让身体减少摄取饱和脂肪酸与胆固醇。

另外，每天也可以搭配适量的酸奶或优格，它们除了含有钙质、蛋白质之外，所含乳酸菌也能帮助肉类消化，促进肠胃蠕动喔！

4. —— 选择优质油脂

地中海饮食的建议油脂是初榨橄榄油。地中海沿岸气候适合橄榄生长，优质的初榨橄榄油富含单不饱和脂肪酸，且含有橄榄多酚化合物，可以抗氧化与抗发炎。一定要选购进口纯橄榄油，避免买到劣质的油品。另外，料理用油与沙拉酱汁里直接食用的橄榄油品可以分开，沙拉酱汁里的橄榄油品可以挑选风味十足的；烹调使用的，则可选择耐高温的油品。

当然，除了进口橄榄油，也可以使用国产的一些优质油品，例如苦茶油、茶籽油、芝麻油、花生油等。针对不同的料理来使用，可以改变风味，同时也能摄取不同种类油脂的营养成分。

另外，肚子饿的时候，吃一些坚果来替代零食。坚果中含有各种丰富的坚果油脂，同时也含有少量的淀粉与膳食纤维，一举多得。

5. ——不用禁食酒类、甜点

少了甜点，就像一篇文章没有完美的句点；少了红酒，就像一个人没了完美的搭档。甜点和红酒给人带来的愉悦的心情更可以帮助好的食材在身体内被好好吸收。对于甜点，可以选择搭配很多水果的品项，一方面满足口欲，一方面也能多摄取膳食纤维与维生素。

但是，再好吃的东西，吃多了对身体都是一种负担。所以，酒类和甜点都必须浅尝辄止，适量即可。

6. ——经常进行适当的运动

运动能让身体产生内啡肽，让心情愉快；运动还能提高身体新陈代谢率，快速代谢掉身体内不好的物质。因此，经常进行适当的运动也是地中海饮食很重要的一环喔！

结语

现在人的生活普遍营养过剩、不均衡，而工作性质也大多是坐在办公室中，缺少运动，身体需要的能量降低，摄取却过多，导致各种"富贵病"层出不穷。其实，所谓地中海饮食，无非就是回归古远时候的饮食方式。以前肉类取得不易，只能多以蔬菜、淀粉果腹，淀粉也并非现代的精制淀粉，而是多以甘薯、马铃薯等取代部分稻米与小麦。秉持"粗食"的概念，套用在地中海饮食中，就能完美地将本地食材应用在地中海饮食的料理方式中。

特殊食材介绍

本书针对地中海饮食的食谱设计，最重要的是让大家在家就能轻松料理，所以选择的都是方便取得的食材，可多加利用当季食材来做替换和搭配。

新鲜香草 ·· 很多新鲜香草现在都随手可得，在大型传统市场、超市或是园艺店里都能买得到。看到时，不妨买几盆种在窗前，一方面随时可以取用，另一方面还可以为家里增添一些绿意与芳香。

莳萝 *Dill*

莳萝带有很清淡的八角香气，特殊的香气拌入优格中，当作蘸酱，能去除炸物的油腻感，并且帮助消化。

百里香 *Thyme*

百里香是海鲜类的好朋友，香味清爽优雅，可以拿来当作酱汁的材料，也可以在烘烤或烹调时当作辛香料使用。

迷迭香 *Rosemary*

迷迭香与肉类料理是完美的搭档，不论是当作腌渍使用的材料或是烹调时增加香气，都是经常使用的香草香料。

罗勒叶 *Basil*

罗勒叶因为容易变色，加上味道浓郁，所以大多会在烹调收尾阶段才放入。也可以使用九层塔叶来取代罗勒叶。

鼠尾草 *Sage*

鼠尾草带着独特的熟芭乐香气，通常会和肉类一起料理。花卉园艺店会销售观赏用的鼠尾草，购买时，一定要先问清楚是食用还是观赏用的。

薄荷 *Mint*

薄荷使用在甜点上居多，淡淡的香气带有清凉感，可以解除甜点的甜腻感。

马萨拉酒
Marsala wine
在甜点中会使用到，因为其独特的香味，可以让甜点呈现出特别的风味并解除甜腻感。

特级初榨橄榄油
Extra virgin
本书所使用的橄榄油为特级初榨橄榄油。品质佳的橄榄油不但风味好，而且营养价值更高。

奶制品
:
不需要特别选购，只要是在当地容易买到的就可以啰！

帕达诺起司
Grana Padano cheese
建议大家使用块状起司，使用时再磨成粉，虽然比较麻烦，但味道真的非常好。也可以使用帕玛森起司（Parmigiano-Reggiano cheese）来取代。

费塔起司
Feta cheese
是以羊奶制成的起司，口感带粉粒感且风味较强烈。如果不喜欢，可选用其他自己喜欢的风味起司取代。

酸奶
Sour cream
酸奶指的是将酵母放入鲜奶油中使其发酵后的成品，而优格则是将酵母放入牛奶中使其发酵。如果不容易买到酸奶，也可以使用优格取代！

其他
:
比较特殊的食材可在网络上搜寻购买，或是到大型超市找找，都可以买得到。

生火腿 Country Ham
经过盐渍风干熟成后的猪腿肉。除了盐渍之外，有些还会再利用烟熏方式处理。可生食，也可使用在料理中。最广为人知的就是帕玛火腿。

杜兰小麦粉
Duran wheat flour
杜兰小麦粉与一般面粉口感略有不同，香气较浓，颗粒比较粗，膳食纤维含量也比较高。

手指饼干
Finger biscuit
是地中海风味甜点经常使用的一种饼干，口感非常酥松且带有少许甜味，是制作提拉米苏不可或缺的材料之一。也非常适合拿来搭配各种果酱、卡士达酱、沙巴雍等。

基本刀工与前置处理

刀工说明

大蒜切法

A

大蒜 压碎裂

直接使用刀具或手掌，将大蒜压碎裂即可。

B

大蒜 切片

将大蒜直接切片即可。

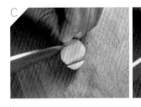

C

大蒜 切末

先将大蒜如上述切片后，接着切成细丝，最后再切成末即可。

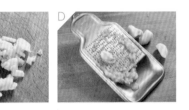

D

大蒜 磨泥

先将大蒜去皮，切去蒂头部分，再用磨泥器磨成蒜泥即可。

洋葱切法

A

洋葱 切条

先将洋葱芯取出，再切成宽条，再把洋葱芯对切即可。

B

洋葱 切丝

洋葱去皮对切后，先去除蒂头，再切成丝状。

洋葱 切丁、末

洋葱留下蒂头，切成条状或丝状但不切断，再纵切成丁或末。

**蔬菜
切法**

蔬菜 切片

不管是厚片或薄片，将蔬菜平切出需要的厚度即可。

蔬菜 切块

长形蔬菜以滚刀块为主，圆形蔬菜切成扇形块，若想要再小一点的块状，只要再对切即可。

蔬菜 切条、段

不论是长条或是短条，长条形蔬菜先切成想要的长度，再切成条或段状，若是个头较大或偏圆形的蔬菜，则先切出需要的厚度，再切成条状即可。

蔬菜 切丝

不论是粗丝还是细丝，先将蔬菜切成适当的厚度，再切成丝状即可。

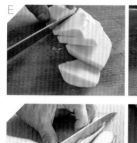

蔬菜

切大丁、小丁、末

不管是大丁、小丁或末，先切片、切条，再调整厚度，就能切出想要的大、小丁或末。

前置处理

氽烫

A

蔬菜 氽烫

蔬菜氽烫时，除了加入少许海盐之外，也可以加入一些辛香料来增添风味，例如月桂叶、白酒、大蒜等。如果是当作沙拉或前菜食用的蔬菜，氽烫后一定要马上放入冰水中冰镇，才能确保蔬菜爽脆的口感。

B

海鲜肉类 氽烫

海鲜容易因为太熟变得过硬，所以氽烫时可借助漏勺放入滚水中氽烫。氽烫的水中可以适量加入白酒或柠檬汁，达到去腥的功效。

蔬果
处理

A

柳橙取果肉

先将柳橙头、尾切除后，顺着柳橙的弧度将柳橙皮削除，接着再一瓣一瓣将果肉切片。

B

榨取柠檬汁

将柠檬用手掌压柔软，对切后，用叉子压挤出柠檬汁即可。

26

酪梨去核

用刀子切入酪梨，沿着果核绕一圈对切，转一下即可分开酪梨。接着使用刀尖刺入果核，扭转一下取出果核，再使用汤匙取出果肉即可。

生菜爽脆处理

将大块生菜用手撕或用刀切成适当大小，泡入冰水中 10 ~ 15 分钟后取出，使用生菜沥水器沥干即可。

意大利面煮法
Pasta

意大利面煮法

为了让意大利面后续料理时能入味，在煮意大利面的时候，一定要先加入大约水量1% 的海盐，放入面条后，要迅速搅拌一下，防止面条黏在一起。

肉类软嫩处理
Meat

去筋膜

若要料理整块的肉类，一定要将表面的筋膜处理干净，这样才能有好的口感。

使用肉槌敲打

将肉类先切成较厚的肉块，再使用肉槌槌打出想要的厚度，这样烹调出来的肉料理就会软嫩好吃。

鸡肉预先去皮

为了减少能量的摄取，可以在料理鸡肉前，先将鸡皮去除。

虾去肠泥

虾在烹调之前，不论有没有剥壳，一定要先去除肠泥。先将虾背切开，再挑出肠泥即可。

P — A — R — T

1

沙拉酱料、基础高汤、
手作意大利面与基础酱料
Salad Dressing / Basic Broth /
Homemade Pasta & Sauce

掌握基础酱汁、酱料与高汤，
就能做出滋味各异、丰富多变的各种地中海美味料理。
简单的步骤，加上随手可取得的食材，
怎么吃，都很"地中海"！

柠檬橄榄油
Lemon flavored dressing

主厨的提示

材料‥ ———————————

柠檬汁——**30** mL
橄榄油——**150** mL
海盐——适量
现磨黑胡椒——适量

❙ 分量‥约180 g

也可以使用黄柠檬来取代青柠檬，酸味会更柔和喔！

1. 先将青柠檬用手掌推压至微软。

2. 然后对切，使用叉子压挤出柠檬汁。

3. 取 30 mL 柠檬汁与橄榄油充分搅拌。

4. 最后加入海盐与现磨黑胡椒拌匀即可。

意大利油醋
Balsamic vinaigrette

材料·· ——————————————— | 分量··约80 g

巴萨米可醋——**10** mL
橄榄油——**70** mL
海盐——适量
现磨黑胡椒——适量

主厨的提示

品质好的巴萨米可醋
是这款沙拉酱美味的
关键。

1. 将巴萨米可醋与橄榄油放入调理碗中。

2. 先用打蛋器充分搅拌均匀。

3. 最后加入海盐与现磨黑胡椒调味即可。

恺撒沙拉酱
Caesar dressing

主厨的提示

鳀鱼通常都很咸，最后调味前一定要先试一下味道，再斟酌加入海盐。

材料·· ┄┄┄┄┄┄ **│ 分量··约130 g**

A
鳀鱼——*2* 片
蒜碎——*10* g
柠檬汁——*10* mL

巴萨米可醋——*15* mL
法式芥末籽酱——*10* g
橄榄油——*70* mL
蛋黄——*1* 个

B
海盐——适量
现磨黑胡椒——适量

1. 将材料A全部放入有深度的玻璃量杯中。

2. 使用食物调理棒将所有食材搅打均匀。

3. 最后加入海盐与现磨黑胡椒调味即可。

32

莳萝优格沙拉酱

Dill yogurt dressing

主厨的提示

材料‥ ─────────────────────── Ι 分量‥约460 g

莳萝细叶──**30** g
优格──**300** g　　　　　蜂蜜──**30** g
酸奶──**60** g　　　　　海盐──适量
番茄酱──**40** g　　　　现磨黑胡椒──适量

莳萝优格沙拉酱是一款百搭的健康酱料，香味层次丰富，尤其是当作煎、炸类料理的蘸酱，堪称一绝！

  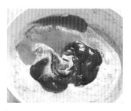 

1. 先将莳萝细叶用菜刀切细。

2. 接着放入装有优格与酸奶的调理碗中。

3. 再加入番茄酱与蜂蜜搅拌均匀。

4. 最后加入适量海盐与现磨黑胡椒调味即可。

香蒜鳀鱼沙拉酱
Garlic anchovies dressing

主厨的提示

材料‥

鳀鱼——*100* g
大蒜——*100* g
橄榄油——*100* mL

Ⅰ 分量‥约*300* g

制作这道沙拉酱美味的关键是温度的控制，油温不可过高，否则鳀鱼和大蒜容易烧焦。

1. 将材料全部放入铸铁锅中。

2. 烤箱预热至140℃，再将铸铁锅放入烤箱中加热。

3. 锅中的油呈现微冒泡状态，持续烘烤约40分钟。

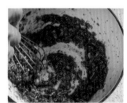

4. 取出，用打蛋器充分搅拌至所有材料均匀即可。

基础蔬菜高汤
Basic vegetable broth

材料‥────────────────── | 分量‥约2000 mL

白萝卜──500 g
胡萝卜──250 g
西芹──250 g
洋葱──500 g
蒜苗──100 g
杏鲍菇──150 g
苹果──1 个
月桂叶──3 片
清水──2000 mL

1. 将材料全部放入装有清水的锅中，先以大火煮滚。

2. 后改小火煮约3小时，过滤，即为高汤。

主厨的提示

蔬菜高汤可以一次多煮一些，分装后，放入冰箱冷冻可保存一个月。

基础鸡高汤
Basic chicken broth

主厨的提示

材料‥ ——————————— I 分量‥约3500 mL

鸡骨——2000 g
清水——4000 mL

汆烫鸡骨时，一定要煮至鸡骨完全变白没有血色，才可取出清洗。

1. 先将鸡骨洗净，放入滚水中汆烫。

2. 然后取出鸡骨，用冷水洗净杂质。

3. 再放回锅中，加入清水 4000 mL，先煮至沸腾。

4. 再转小火加盖煮约 2 小时，捞出鸡骨即可。

基础鱼高汤
Basic fish broth

主厨的提示

熬煮高汤的蔬菜材料不要切太小块，否则经过长时间熬煮，很容易碎烂，影响高汤的清澈度。

材料‥‥   Ⅰ 分量‥约2000 mL

鱼骨——*1000* g   西芹段——*100* g
清水——*2500* mL   胡萝卜块——*100* g
洋葱块——*200* g   月桂叶——*4* 片

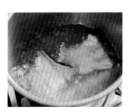

1. 先将鱼骨洗净，放入滚水中氽烫。

2. 然后取出鱼骨，用冷水洗净杂质。

3. 再放回锅中，加入清水 2500 mL 与其他材料，先以大火煮滚后转小火。

4. 盖上锅盖，煮约2小时，捞出所有材料即可。

手作鸡蛋意大利面
Homemade egg pasta

主厨的提示

面团在擀成面皮时，擀到手指放在面皮上，透过面皮看过去，微微透光可见手指的厚度最好。

材料··

A
杜兰小麦粉——**75** g
中筋面粉——**75** g

全蛋——**1** 个（大）
海盐——**1** g

I 分量··2人份

B
清水——**20** mL

1. 将材料A混合均匀后，酌量加水揉成团。

2. 手揉约5分钟后，包覆保鲜膜，室温静置约1小时。

3. 将面团用擀面杖擀成薄片状，再切成想要宽度的面条。

4. 撒上适量面粉，抓散面条防粘连，即可使用。

手作原味意大利面

Homemade pasta

主厨的提示

面皮擀成约0.1cm的厚度，切出来的面条口感最好。

材料·· —————————————————— **｜ 分量··2人份**

杜兰小麦粉——*75* g
中筋面粉——*75* g
清水——*75* mL
海盐——*1* g

1. 将全部材料混合拌匀，再手揉约5分钟。

2. 将面团用保鲜膜包覆好，室温静置约1小时。

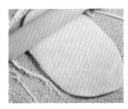

3. 将面团擀成薄片状，再切成想要宽度的面条。

4. 撒上适量面粉，抓散面条防粘连，即可使用。

手作菠菜意大利面
Homemade spinach pasta

主厨的提示

菠菜先汆烫，再挤干水之后用食物调理机打成泥状，取 80 g 使用。

材料··————————————————— | 分量··2～3人份

中筋面粉——150 g
熟菠菜泥——80 g
海盐——1 g
清水——20 mL

1. 将全部材料混合拌匀，再手揉约 5 分钟。

2. 将面团用保鲜膜包覆好，室温静置约 1 小时。

3. 将面团擀成薄片状，再切成想要宽度的面条。

4. 撒上适量面粉，抓散面条防粘连，即可使用。

手作甜菜根意大利面
Homemade beetroot pasta

主厨的提示

材料‥ ──────────────── **┃ 分量‥2~3人份**

中筋面粉──**150 g**
甜菜汁──**80 mL**
海盐──**1 g**

先将甜菜加少许水，用食物调理机打成泥状，再过滤出甜菜汁，取 80 mL 使用。

 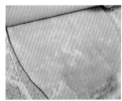 

1. 将全部材料混合拌匀，再手揉约5分钟。

2. 将面团用保鲜膜包覆好，室温静置约1小时。

3. 将面团擀成薄片状，再切成想要宽度的面条。

4. 撒上适量面粉，抓散面条防粘连，即可使用。

香蒜辣椒橄榄油
Spicy garlic sauce

主厨的提示

材料·· | 分量··约80 g

大蒜——*30* g   海盐——适量
辣椒——*10* g   现磨黑胡椒——适量
橄榄油——*40* mL

大蒜切成薄片，用小
火煸炒，才能充分释
放蒜香。

1. 大蒜切薄片；辣
椒切斜片备用。

2. 平底锅注入橄榄
油。

3. 放入蒜片和辣椒
片，用小火煸炒。

4. 待大蒜微呈金黄
色，撒入海盐与
现磨黑胡椒即可。

蒜味罗勒番茄酱

Marinara sauce

主厨的提示

材料‥ ─────────────── **┃ 分量‥约950 g**

橄榄油——**150** mL 　　罗勒叶——**10** 片（可用九层塔叶取代）

整颗大蒜——**100** g（压碎裂）　清水——**100** mL

鳀鱼——**15** 片 　　现磨黑胡椒——少许

圣女果——**600** g

品质好的圣女果，皮薄且甜度高，做出来的番茄酱更香甜、风味更足！

1. 将橄榄油注入锅中，放入大蒜和鳀鱼用小火煸炒10分钟。

2. 圣女果对切，与罗勒叶一起放入锅中，以小火煸炒约15分钟。

3. 然后再注入清水，用小火再煮约40分钟。

4. 最后加入现磨黑胡椒调味即可。

意式青酱
Pesto Sauce

材料·· ───────────────────────────── ┃ 分量··约300 g

罗勒叶──**100** g（可用九层塔叶取代）　松子──**10** g（可用杏仁片取代）

大蒜──**20** g　　　　　　　　　　　起司粉──**30** g

鳀鱼──**10** 片　　　　　　　　　　　橄榄油──**130** mL

1. 将所有材料放入食物调理机中。

2. 搅打成质地均匀的青酱。

3. 装罐后，顶层淋上一些橄榄油防止氧化。

主厨的提示

青酱使用的材料很简单，因此，品质越好的起司粉越能让青酱的风味更好。

奶油起司酱
Creamy cheese sauce

主厨的提示

本书的白酒都是选用
不甜的白酒，这样可
以让料理拥有清爽的
白酒香气而非甜味。

材料‥

橄榄油——**100** mL	白酒——**100** mL	豆蔻粉——**1** g
洋葱丝——**350** g	动物性鲜奶油——**1000** mL	海盐——**10** g
大蒜碎——**100** g	帕达诺起司粉——**50** g	现磨黑胡椒——适量

分量‥约1600 g

   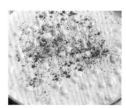

1. 平底锅中注入橄榄油，先以小火炒软洋葱丝。

2. 接着放入大蒜碎，以小火煸至上色，再注入白酒煮滚。

3. 待收汁剩下一半，接着注入鲜奶油，煮滚后转小火，炖煮约15分钟。

4. 最后放入帕达诺起司粉、豆蔻粉、海盐和现磨黑胡椒即可。

前菜与沙拉

Appetizer & Salad

大量蔬菜与适量的海鲜，最重要的是使用优质的橄榄油，
如此就能轻松地享用地中海饮食料理，当作正餐吃，
多吃几口也没有罪恶感。

草虾蛤蜊油渍番茄

Seafood,tomato with lemon flavored dressing

❘ 分量‥2~3人份

材料‥

圣女果——*10* 个
大蒜——*20* g
罗勒叶——*5* 片
大蛤蜊——*300* g
草虾——*8* 只

调味料‥

柠檬橄榄油——*50* mL
海盐——适量
现磨黑胡椒——适量

注 柠檬橄榄油做法请参考 P.30

准备工作‥

圣女果对切；大蒜切片；罗勒叶撕碎备用。

1. 将蛤蜊加少许水（分量外），在锅中煮至开口后取出放至微凉。

2. 使用同一锅水，将草虾烫熟后，取出放至微凉。

3. 先把蛤蜊肉取出。

4. 再将草虾剥壳后，与蛤蜊肉放入同一个大碗中。

5. 放入圣女果、罗勒叶、大蒜片与柠檬橄榄油。

6. 再加入适量的海盐与现磨黑胡椒。

7. 将所有材料充分搅拌均匀即可。

主厨的提示

煮过蛤蜊的汤汁要留下来，适量拌入这道料理中，能让这道爽口的前菜更有海鲜味！

甜橙芦笋番茄沙拉
Orange, asparagus and tomato salad

Ⅰ 分量··2人份

材料··

柳橙——*2* 个
芦笋——*50* g
圣女果——*15* 个

调味料··

意大利油醋——*50* g
海盐——少许
现磨黑胡椒——少许
干燥奥勒冈叶——极少许

注 意大利油醋做法请参考 P.31

准备工作：

柳橙去皮取出片状果肉；芦笋切约 5 cm 长；圣女果对切备用。

1. 将芦笋汆烫熟后捞起。

2. 马上泡入冰水冷却后，捞起沥干备用。

3. 将全部材料放入调理盆中。

4. 先淋上意大利油醋拌均匀。

5. 撒上其他调味料拌匀即可。

主厨的提示

可依个人喜好在意大利油醋中加入一些柳橙皮，让柳橙的风味更凸显出来。

尼斯沙拉
Salad Nicoise

Ⅰ 分量‥3~4人份

材料‥

A
罗马生菜——*120* g
红洋葱——*30* g
圣女果——*10* 个
红甜椒——*1/2* 个

B
四季豆——*60* g
马铃薯——*1/2* 个
水煮蛋——*2* 个
鳀鱼——*8* 片
黑橄榄——*10* 颗
鲔鱼罐头——*60* g

调味料‥

海盐——适量
现磨黑胡椒——适量
柠檬橄榄油——*50* mL

 注

柠檬橄榄油做法请参考
P.30

准备工作：

罗马生菜用手撕成适口大小；
红洋葱切丝；圣女果对切；
红甜椒去籽切丝；四季豆切
6 cm 长，煮熟沥干备用；马
铃薯带皮煮熟后，去皮切块；
单个水煮蛋分切成4瓣备用。

1. 将处理好的材料
A 先泡入冰水。

2. 然后放入沙拉沥
水器中沥干。

3. 先铺排在盘底，
再放上处理好的
材料 B。

4. 撒上适量的海盐
与现磨黑胡椒。

5. 最后淋上柠檬橄
榄油即可。

主厨的提示

用手撕生菜可以保留
生菜爽脆的口感，也
能避免生菜沾染到菜
刀上的杂味。

创意恺撒沙拉
Caesar salad

| 分量·· 2人份

材料··

培根——**2** 片
罗马生菜——**1** 棵
帕达诺起司粉——**20** g
法国面包——**4** 片

调味料··

恺撒沙拉酱——**60** g

注 恺撒沙拉酱做法请参考 P.32

准备工作：

培根切小片以干锅煎出油脂后弄碎备用；罗马生菜对剖开，泡入冰水15 分钟后沥干备用。

1. 将罗马生菜先铺放在盘上，然后淋上恺撒沙拉酱。

2. 再铺上培根碎。

3. 最后撒上帕达诺起司粉，搭配法国面包上桌。

主厨的提示

泡过冰水的罗马生菜一定要沥干，这样才不会稀释掉后续淋上的酱汁。

芦笋水波蛋佐意大利油醋
Asparagus & poached egg with balsamic vinaigrette

| 分量‥2~3人份

材料‥

细芦笋——**1**把（约**100** g）
鸡蛋——**2** 个
起司粉——**15** g

注 意大利油醋做法请参考 P.31

调味料‥

意大利油醋——适量

准备工作‥

将细芦笋根部切除约 1 cm；小玻璃碗刷上少许食用油，打入鸡蛋备用。

1. 锅中加入约 2 cm 高的水煮滚，放入小玻璃碗。

2. 盖上锅盖，以小火蒸煮约 2 分钟。

3. 取出放凉一下，倒扣出来成水波蛋备用。

4. 起一锅滚水，放入 1 小匙海盐（分量外）。

5. 将芦笋迅速氽烫后取出，马上泡入冰水。

6. 芦笋沥干摆盘，再放上水波蛋。

7. 最后淋上意大利油醋并撒上起司粉即可。

主厨的提示

细芦笋鲜嫩爽脆。如果使用一般芦笋，可用削皮刀削除根部的部分外皮，吃起来才不会很粗糙。

综合香草酿鲜菇
Mushrooms stuffed with herbs stuffing

| 分量··4~6人份

材料··

香菇——10 朵
圣女果——3 个
大蒜——1 瓣
新鲜迷迭香——1 枝
新鲜百里香——2 枝
新鲜巴西里——30 g
核桃——3 粒
法国面包——30 g
鳀鱼——3 片
起司粉——20 g

调味料··

橄榄油——适量
海盐——适量
现磨黑胡椒——适量

准备工作：

将香菇盖与香菇根分开；香菇根、圣女果、大蒜、迷迭香、百里香、巴西里与核桃全部切碎；法国面包切片烤干一点，再使用食物调理机打碎备用。将烤箱预热至 180 ℃。

1. 除了香菇盖以外，将全部材料搅拌均匀。

2. 再加入所有调味料，一起拌匀成香草酿馅。

3. 把香草酿馅饱满地填入香菇盖里。

4. 把填好馅的香菇盖放在烤盘上，淋上适量的橄榄油。

5. 将烤盘放入烤箱中烘烤约 15 分钟即可。

主厨的提示

拌好的香草酿馅应带着些微的湿润感，所以加入适量的优质橄榄油是必要的。

迷迭香烤南瓜
Roasted pumpkin with rosemary

┃ 分量··6~7人份

材料··

东升南瓜（橘色皮）——*1/2* 个
新鲜迷迭香——1 小枝

调味料··

海盐——适量
现磨黑胡椒——适量
橄榄油——适量

主厨的提示

南瓜要挑选水分含量
少的品种，这样烤出
来的南瓜才会既松软
又香甜。

准备工作··

东升南瓜挖去瓜
瓤后，切成 2 cm
厚片备用。将烤箱
预热至 190 ℃。

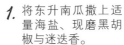

1. 将东升南瓜撒上适
量海盐、现磨黑胡
椒与迷迭香。

2. 均匀淋上橄榄油。

3. 将东升南瓜放入烤
箱。

4. 烘烤约 30 分钟至东
升南瓜熟软即可。

醋渍综合时蔬
Confect vegetables

I 分量··6人份

材料·· ─────────

长茄子——*1* 个
花菜——*1/3* 个
红甜椒——*1/2* 个
黄甜椒——*1/2* 个
洋葱——*1/2* 个
四季豆——*100* g
洋菇——*5* 朵
大蒜——*5* 瓣

调味料·· ─────────

白酒醋——*600* mL
清水——*900* mL
月桂叶——*5* 片
海盐——*20* g
细砂糖——*40* g

准备工作：

先将长茄子切小段后，再切成条状；花菜切小朵；红甜椒、黄甜椒、洋葱切条状；四季豆切除头尾后，对切备用。

1. 将调味料全部倒入锅中煮滚。

2. 放入大蒜煮约5分钟后捞起备用。

3. 红、黄甜椒与花菜分别煮约3分钟后捞起备用。

4. 洋葱与洋菇分别煮约2.5分钟后捞起备用。

5. 长茄子煮约1.5分钟，四季豆煮熟，捞起备用。

6. 准备一个用滚水消毒过的密封罐，放入冷却的蔬菜。

7. 倒入冷却后的醋汁，放入冰箱冷藏至第二天即可。

主厨的提示

醋渍综合时蔬与烟熏肉类料理是好搭档。制作时调味料中也可添加杜松子、胡椒粒等来增添不同的香气。

豆蔻奶油烤马铃薯
Roasted potato with cardamom cream

| 分量··4~6人份

材料·· ─────────

洋葱——**40** g
大蒜——**10** g
马铃薯——**300** g

调味料··

豆蔻粉——少许
海盐——适量
现磨黑胡椒——适量
无盐奶油——**15** g
动物性鲜奶油——**300** g

准备工作··

洋葱切碎；大蒜切碎；马铃薯去皮切成 0.5 cm 厚片备用。将烤箱预热至 250 ℃。

1. 烤盘铺上洋葱与大蒜碎，再放上马铃薯片。

2. 撒上豆蔻粉、海盐与现磨黑胡椒。

3. 放上无盐奶油块，再倒入动物性鲜奶油。

4. 烤盘表面包上一层铝箔纸。

5. 放进烤箱中。

6. 烘烤约40分钟后，掀开铝箔纸。

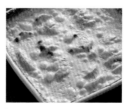

7. 最后再烤 10 ~ 15 分钟至表面上色即可。

主厨的提示

也可以将烤好的马铃薯使用食物调理棒搅打成质地细腻的马铃薯泥，搭配肉类主食享用。

番茄酱焗烤圆茄
Roasted eggplant with tomato sauce

┃ 分量··2人份

材料··

圆茄——**1** 个	帕达诺起司粉——**8** g
整颗番茄罐头——**30** g	罗勒叶——**4** 片
橄榄油——**30** mL	

调味料··

海盐——适量	现磨黑胡椒——适量

准备工作··

圆茄切 1 cm 厚片；整颗番茄罐头使用食物调理棒打成泥状备用。将烤箱预热至 250 ℃。

1. 将平底锅加热，注入橄榄油。

2. 放入圆茄，以中火煎至上色。

3. 将圆茄移入烤盘中，撒上海盐与现磨黑胡椒。

4. 然后均匀地抹上番茄泥，并撒上帕达诺起司粉。

5. 将圆茄放进烤箱中。

6. 烘烤约 7 分钟，待圆茄表面呈现金黄色取出。

7. 撒上撕碎的罗勒叶即可。

主厨的提示

放入烤箱烘烤，可以避免一直翻动圆茄，造成圆茄外观破损。

蘑菇烘蛋
Mushrooms frittata

| 分量··3~4人份

材料··

舞菇—*15* g		大蒜—*10* g	
鸿喜菇—*15* g		橄榄油—*65* mL	
杏鲍菇—*30* g		鸡蛋—*4* 个	
洋葱—*30* g			

调味料··

海盐—适量　　　现磨黑胡椒—适量

准备工作：

将舞菇、鸿喜菇用手撕成小朵；杏鲍菇对切后，切小片；洋葱、大蒜切碎备用。将烤箱预热至 250 ℃。

1. 锅中倒入 15 mL 橄榄油，炒香洋葱与大蒜碎。

2. 加入舞菇、鸿喜菇、杏鲍菇拌炒至变软。

3. 先将鸡蛋打散后，放入调味料拌匀。

4. 将锅中的材料全部拌入蛋液中。

5. 原锅再加入 50 mL 橄榄油，以大火加热。

6. 倒入蘑菇蛋液，迅速搅拌一下。

7. 放入烤箱烘烤约 5 分钟即可。

主厨的提示

使用可以放入烤箱的平底锅，让食材最后在烤箱内烤熟，这样烹调是让成品保持完美外形的诀窍。

煎炸番茄饼佐莳萝优格沙拉酱
Tomato pancakes with dill yogurt dressing

| 分量··4~6人份

材料··

洋葱——**100** g
整颗番茄罐头——**190** g
新鲜巴西里——**20** g
干燥奥勒冈叶——**1/2** 大匙
低筋面粉——**200** g
泡打粉——**1/2** 大匙
费塔起司——**200** g
橄榄油——**200** mL

调味料··

海盐——适量
现磨黑胡椒——适量

蘸酱··

莳萝优格沙拉酱——适量

注 莳萝优格沙拉酱做法请参考 P.33

准备工作：

洋葱切碎；整颗番茄罐头切碎；新鲜巴西里切碎备用。

1. 除橄榄油外，将材料全部放入盆中搅拌。

2. 充分搅拌，成团状面糊。

3. 放入海盐与现磨黑胡椒调味且搅拌均匀。

4. 平底锅注入橄榄油，以小火加热。

5. 将面糊分成小份放入锅中，并用汤匙压扁。

6. 每一面煎约8分钟至金黄色，搭配莳萝优格沙拉酱上桌。

主厨的提示

费塔起司是羊奶起司，如果不喜欢，可以使用莫札瑞拉（Mozzarella）起司取代。

71

烤竹笋拌意大利油醋
Bamboo shoots BBQ with balsamic vinaigrette

❙ 分量··3~4人份

材料··

新鲜竹笋——*500* g
红葱头——*20* g

调味料··

意大利油醋——*50* g
海盐——适量
现磨黑胡椒——适量

注 意大利油醋做法请参考 P.31

准备工作：

新鲜竹笋去壳后，切0.5 cm厚片；红葱头切碎备用。将烤箱预热至220 ℃。

1. 先将烧烤铸铁锅烧热后，放上笋片。

2. 将笋片两面都烧炙上色。

主厨的提示

竹笋鲜嫩好吃，若买不到新鲜的，使用真空包装的桂竹笋或凉笋也可以喔！

3. 将笋片移到烤盘上，与红葱头碎和调味料一起拌匀。

4. 放入烤箱烘烤约13分钟即可。

香蒜鳀鱼凉拌青豆透抽

Edamame & squid mix garlic anchovies dressing

| 分量‥3~4人份

材料‥

透抽——**200 g**
胡萝卜——**50 g**
新鲜青豆——**100 g**

调味料‥

橄榄油——**20 mL**
香蒜鳀鱼沙拉酱——适量

注 香蒜鳀鱼沙拉酱做法请参考 P.34

准备工作‥

透抽去除内脏洗净，切圈；胡萝卜切小丁备用。

1. 煮一锅滚水，放入胡萝卜煮约20分钟。

2. 再放入新鲜青豆一起煮至熟透，取出放凉。

3. 原锅滚水，继续放入透抽烫熟，取出放凉。

4. 将所有材料放入调理碗中。

5. 加入橄榄油拌匀。

6. 最后再加入香蒜鳀鱼沙拉酱一起搅拌均匀即可。

主厨的提示

除了使用新鲜青豆，当季可以买到的新鲜豆类都可以使用。如果实在没有，冷冻豌豆也可以！

M e d i t e r r a n e a n   D i e t

PART2
A p p e t i z e r   &   S a l a d

凉拌综合鲜笋虾仁
Shrimps & bamboo shoots cold salad

| **分量‥3~4人份**

材料‥

新鲜竹笋——*200* g
细芦笋——*100* g
大蒜——*20* g
虾仁——*150* g

调味料‥

橄榄油——*20* mL
香蒜鳀鱼沙拉酱——适量

注 香蒜鳀鱼沙拉酱做法请参考 P.34

准备工作‥

新鲜竹笋切成丁状；细芦笋切除部分根部后，对切；大蒜切碎备用。

1. 煮一锅滚水，加一点海盐（分量外）。

2. 先将竹笋烫熟后取出放凉备用。

3. 接着原锅再汆烫细芦笋。

4. 取出泡冰水冷却后，再捞起沥干备用。

5. 然后继续将虾仁烫熟，捞起沥干备用。

6. 将所有材料放入调理碗中，先拌入橄榄油。

7. 最后加入香蒜鳀鱼沙拉酱充分拌匀入味即可。

主厨的提示

虾仁最好买鲜虾回来自己剥，这样能确保不会买到浸泡过药水的虾仁。

烧烤秋葵、玉米笋与圣女果
Okra, baby corn & cherry tomato BBQ

┃ 分量·· 3~4人份

材料··

圣女果——**10** 个
秋葵——**10** 根
玉米笋——**10** 根

调味料··

海盐——适量
现磨黑胡椒——适量
橄榄油——**30** mL

准备工作··

圣女果对切；秋葵削除蒂头；玉米笋纵向对切备用。将烤箱预热至250 ℃。

1. 所有蔬菜放在烤盘上，撒上海盐与现磨黑胡椒。

2. 充分淋上橄榄油。

3. 用双手轻轻将所有材料拌匀。

4. 将烤盘放入烤箱烘烤。

5. 烘烤约 12 分钟后即可取出。

主厨的提示

蔬菜不需要烤太久，否则容易失去爽脆的口感。还可多使用一些优质橄榄油，让蔬菜吃起来更润口。

西葫芦煎饼佐莳萝优格沙拉酱
Zucchini pancakes with dill yogurt dressing

| 分量··4人份

材料··

西葫芦——**100 g**
大蒜——**20 g**
红葱头——**30 g**
洋葱——**50 g**
整颗番茄罐头——**1** 颗
费塔起司——**100 g**
鸡蛋——**1** 个
低筋面粉——**30 g**
橄榄油
——**100** mL（煎饼用）

调味料··

干燥奥勒冈叶
——**1/2** 大匙
海盐——适量
现磨黑胡椒——适量

蘸酱··

莳萝优格沙拉酱——适
量

注
莳萝优格沙拉酱做法请
参考 P.33

准备工作
：

西葫芦先切片，再切成细条，最后
切碎；大蒜、红葱头、洋葱与整颗
番茄罐头切碎备用。

1. 除橄榄油外，将
其他所有材料放
入调理碗拌匀。

2. 加入所有调味料
一起拌匀，成面
糊状。

3. 将橄榄油注入锅
中，以小火加热。

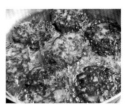

4. 放入西葫芦面糊，
以小火慢慢煎。

5. 待双面煎至金黄
色，搭配莳萝优
格沙拉酱享用。

主厨的提示

费塔起司是羊奶起
司，如果不喜欢，可
以使用帕达诺起司代
替。

经典希腊沙拉
Greek salad

| 分量··4~6人份

材料··

罗马生菜——**100** g
小黄瓜——**40** g
圣女果——**10** 个
红洋葱——**60** g
青椒——**20** g
黑橄榄——**20** g
费塔起司——**50** g

调味料··

柠檬橄榄油沙拉酱——50 mL
干燥奥勒冈叶——极少许
海盐——适量

注 柠檬橄榄油做法请参考 P.30

准备工作··

罗马生菜用手撕成适口大小；小黄瓜切圆片；圣女果对切；红洋葱与青椒切细丝备用。

1. 将处理好的罗马生菜、黄瓜片、洋葱丝泡入冰水约 15 分钟取出。

2. 再放入沙拉沥水器中沥干。

3. 将所有材料装入盘中，摆好。

4. 将调味料拌匀。

5. 最后淋在铺摆好的沙拉上即可。

主厨的提示

费塔起司是这道菜的灵魂。没了费塔起司，就像松饼没有枫糖一样！

综合蔬果沙拉佐莳萝优格沙拉酱

Vegetables & fruits salad with dill yogurt dressing

| 分量·· 2人份

材料··

圣女果——*10* 个
葡萄——*10* 颗
罗马生菜——*100* g
柳橙——*1* 个
苹果——*1* 个
芭乐——*1/2* 个

调味料··

莳萝优格沙拉酱——*150* g

注

莳萝优格沙拉酱做法请参考 P.33

准备工作：

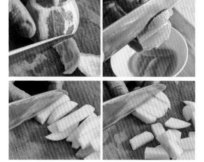

圣女果及葡萄对切；罗马生菜用手撕成适口大小；柳橙去皮后，取出果肉；苹果与芭乐切小丁备用。

主厨的提示

不妨随季节更替各种自己喜欢的蔬果。莳萝优格沙拉酱是百搭美味的沙拉酱料！

1. 将罗马生菜泡冰水约10分钟取出。

2. 再放入沙拉沥水器中沥干。

3. 将所有水果及罗马生菜放入沙拉碗中。

4. 最后淋上莳萝优格沙拉酱即可。

嫩菠菜水煮蛋沙拉
Spinach & boiled egg salad

| 分量··2人份

材料··

鸡蛋——2 个
胡萝卜——20 g
嫩菠菜叶——100 g
帕达诺起司粉——15 g

调味料··

海盐——适量
意大利油醋——适量

注 意大利油醋请参考 P.31

准备工作：

鸡蛋放入滚水中煮熟，取出放凉后，去壳分切成 4 瓣；胡萝卜切丝备用。

1. 嫩菠菜叶先泡入冰水约 10 分钟取出。

2. 再放入沙拉沥水器中沥干。

3. 先将嫩菠菜叶摆入盘中。

4. 再放上胡萝卜丝、水煮蛋、海盐与起司粉。

5. 最后淋上意大利油醋即可。

主厨的提示

水煮蛋也可以换成溏心蛋。如果喜欢酸一点，可以多加些巴萨米可醋。

马铃薯拌四季豆
Potato & snap bean salad

| 分量‥2人份

材料‥

四季豆——*50* g
莳萝——*20* g
马铃薯——*1* 个
酸豆——*10* g

调味料‥

橄榄油——*15* mL
香蒜鳀鱼沙拉酱——适量
海盐——适量
现磨黑胡椒——适量

注 香蒜鳀鱼沙拉酱做法请参考 P.34

准备工作‥

四季豆切除头尾后再对切；莳萝切碎备用。

1. 马铃薯带皮放入滚水中煮至熟透后取出。

2. 接着放入四季豆，煮熟后取出放凉。

3. 将放凉的马铃薯撕除外皮。

4. 切成厚片。

5. 把所有材料放入调理盆中。

6. 最后加入所有调味料拌匀即可。

主厨的提示

莳萝独特的香味能让这道料理充满个性。

酪梨水煮蛋鲜虾沙拉
Avocado, boiled egg & shrimps salad

Ι **分量**‥2~3人份

材料‥

酪梨——**1**个
鸡蛋——**3**个
虾仁——**20**粒

调味料‥

恺撒沙拉酱——**80** g
海盐——适量
现磨黑胡椒——适量

注 恺撒沙拉酱做法请参考 P.32

准备工作：

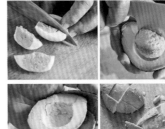

先将鸡蛋放入滚水中煮熟，剥壳后分切成 4 瓣；酪梨去除果核后，切成大丁备用。

1. 将虾仁用滚水烫熟，捞起放凉。

2. 将所有材料放入调理碗中。

3. 加入所有调味料充分拌匀即可。

主厨的提示

这道料理一定要选用熟透的酪梨，口感才会软滑浓郁。

季节鲜豆沙拉
Season beans salad

| 分量··4人份

材料··

热狗肠——**100** g
青豆——**200** g

调味料··

柠檬橄榄油——**30** mL
海盐——适量
现磨黑胡椒——适量

注 柠檬橄榄油做法请参考 P.30

准备工作··

热狗肠切小段备用。

1. 煮一锅滚水，先将青豆及热狗肠烫熟。

2. 捞起沥干。

3. 再与所有调味料拌匀即可。

主厨的提示

新鲜豆子是最能代表春天风味的食材。不论哪一种豆子，只要是自己喜欢的都可以使用。

罗勒烤番茄沙拉
Roasted tomato salad

| 分量··3人份

材料··

番茄——*3* 个
罗勒叶——适量

调味料··

香蒜鳀鱼沙拉酱——*20* g
橄榄油——*30* mL
海盐——适量
现磨黑胡椒——适量

注 香蒜鳀鱼沙拉酱做法请参考 P.34

准备工作：

将番茄切成厚片备用。将烤箱预热至 200 ℃。

1. 将番茄片放入烤盘中。

2. 先在番茄表面铺上一层香蒜鳀鱼沙拉酱。

3. 撒上海盐与现磨黑胡椒，再淋上橄榄油。

4. 番茄放进烤箱中烘烤约 30 分钟。

5. 取出后，撒上撕碎的罗勒叶即可。

主厨的提示

也可以使用圣女果来制作这道沙拉。圣女果的甜度更高，吃起来甜味更明显。

意大利油醋烤综合蔬菜
Balsamic vinaigrette roasted vegetables

Ⅰ 分量‥4人份

材料‥

圆茄——*1/2* 个
西葫芦——*1* 个
香蕉西葫芦——*1* 个
红甜椒——*1/2* 个
黄甜椒——*1/2* 个
杏鲍菇——*100* g
四季豆——*100* g
红葱头——*50* g

调味料‥

意大利油醋——*100* g
海盐——适量
现磨黑胡椒——适量

注 意大利油醋请参考 P.31

准备工作‥

圆茄对切后，切成扇形片；两种西葫芦切圆片；红、黄甜椒与杏鲍菇切粗条；四季豆切除头尾后对切；红葱头切碎备用。将烤箱预热至 250 ℃。

1. 将所有材料放入烤盘中。

2. 加入所有调味料搅拌均匀。

3. 将烤盘放进烤箱中，烘烤约 15 分钟即可取出。

主厨的提示

除了绿色叶菜类的蔬菜不适合拿来做烧烤料理外，其他的都可以喔！

综合海鲜沙拉
Seafoods salad mix dill yogurt dressing

❚ 分量··4~6人份

材料··

小卷——*4* 只（小）
圣女果——*15* 个
大蒜——*15* g
虾仁——*10* 粒
去骨鱼肉片——*150* g
黑橄榄——*10* 颗
绿橄榄——*10* 颗
干燥奥勒冈叶——*0.1* g

调味料··

莳萝优格沙拉酱——*60* g
海盐——适量
现磨黑胡椒——适量

注 莳萝优格沙拉酱做法请参考 P.33

准备工作：

小卷去除内脏洗净，切圈；圣女果对切；大蒜切碎备用。

1. 煮一锅滚水，先将虾仁氽烫熟后捞出。

2. 接着原锅使用筛网，小心氽烫去骨鱼肉片。

3. 再将小卷氽烫熟透，取出备用。

4. 将所有材料放入调理盆中。

5. 接着加入所有调味料。

6. 最后小心并充分拌匀即可。

主厨的提示

莳萝和海鲜是好朋友。还可以添加一些柠檬汁，一方面去腥，另一方面可以让这道沙拉多一些清爽风味。

鲔鱼马铃薯蔬菜沙拉
Sauted tuna & vegetables salad

| 分量‥4~6人份

材料‥

新鲜鲔鱼——**300** g	洋葱——**50** g
马铃薯——**1** 个	大蒜——**15** g
红甜椒——**1/4** 个	酸豆——**20** g
黄甜椒——**1/4** 个	橄榄油——**30** mL

调味料‥

莳萝优格沙拉酱——**70** g
海盐——适量
现磨黑胡椒——适量

注

莳萝优格沙拉酱做法请
参考 P.33

准备工作：

新鲜鲔鱼表面撒上海盐与现磨黑胡椒；马铃薯带皮煮熟后，去皮切厚片；红、黄甜椒切丝；洋葱切丝；大蒜切碎备用。

1. 平底锅先以大火热锅，再注入橄榄油。

2. 放入新鲜鲔鱼，煎至表面上色。

主厨的提示

也可以使用鲑鱼来代替，鲑鱼的油脂香气会让这道沙拉产生另一种鲜明的个性。

3. 取出后先切成厚片，再切成小块备用。

4. 将全部蔬菜和调味料放入大碗里混拌均匀。

5. 再拌入鲔鱼即可。

疗愈汤品

Comfort Soup

不论是清汤还是浓汤，
在疲累的时候，喝上一碗，都能浸润心脾。
充满各种蔬菜的暖汤，更是控制饮食时最佳的充饥良品！

西班牙蔬菜冷汤
Salmorejo

| 分量‥4~6人份

材料‥

小黄瓜——**1** 根
西葫芦——**1/2** 个
番茄——**1** 个
圣女果——**10** 个
整颗番茄罐头——**1** 罐（约**440** g）
西芹——**100** g
法国面包——**100** g
大蒜——**20** g

调味料‥

清水——**1000** mL
橄榄油——**50** mL
海盐——适量
现磨黑胡椒——适量
白酒醋——**20** mL

准备工作‥

将所有蔬菜切块备用。

1. 将所有材料及调味料都放入食物调理机中。

2. 均匀地打成泥状。

3. 再装入喜欢的器皿中即可。

主厨的提示

超适合夏天享用的一道汤品，营养非常丰富，早上也可以当提神汤享用喔！

番茄海鲜清汤
Tomato seafood soup

▌ 分量‥4~6人份

材料‥

去骨鲈鱼——*1* 片
大蛤蜊——*20* 个
洋葱——*40* g
大蒜——*15* g
橄榄油——*60* mL
虾仁——*20* 粒
新鲜干贝——*6* 个
基础鱼高汤——*500* g
蒜味罗勒番茄酱——*300* g
罗勒叶——*5* 片

调味料‥

茴香酒——*15* mL
海盐——适量
现磨黑胡椒——适量

注 1 基础鱼高汤做法请参考 P.37
　 2 蒜味罗勒番茄酱做法请参考 P.43

主厨的提示

茴香酒能让这道清汤
充满特别深沉的香气
与风味。如果没有，
可以使用白酒取代。

准备工作：

去骨鲈鱼切片；
蛤蜊泡盐水吐沙
后洗净；洋葱、
大蒜切碎备用。

1. 将橄榄油注入深锅
中，先炒香洋葱碎
与大蒜碎。

2. 加入所有海鲜、基
础鱼高汤与蒜味罗
勒番茄酱一起煮
滚。

3. 接着再加入罗勒叶
与茴香酒同煮。

4. 最后以海盐与现磨
黑胡椒调味即可。

杏仁西蓝花汤
Almond cauliflower soup

| 分量‥4~6人份

材料‥

西蓝花——*1/2* 个
马铃薯——*1* 个
橄榄油——*50* mL
杏仁片——*50* g
基础蔬菜高汤——*700* mL

调味料‥

海盐——适量
现磨黑胡椒——适量

注 基础蔬菜高汤做法请参考 P.35

准备工作：

西蓝花切小朵；马铃薯切小丁备用。

1. 将橄榄油注入深锅中，放入杏仁片以小火炒香。

2. 然后倒入基础蔬菜高汤与马铃薯一起煮。

3. 等马铃薯熟透后，再放入西蓝花一起煮至软烂。

4. 用食物调理棒将锅中材料打成细腻的浓汤。

5. 以海盐及现磨黑胡椒调味即可。

主厨的提示

杏仁的香味淡雅。也可以更换成其他坚果，如核桃、花生等。

番茄蔬菜汤
Tomato vegetables soup

| 分量··4~6人份

材料··

洋葱——*100* g
卷心菜——*100* g
西芹——*50* g
胡萝卜——*50* g
西葫芦——*50* g
大蒜——*15* g
整颗番茄罐头——*220* g
橄榄油——*50* mL
白酒——*50* mL
月桂叶——*2* 片
基础鸡高汤——*500* mL

调味料··

海盐——适量
现磨黑胡椒——适量

注 基础鸡高汤做法请参考 P.36

准备工作··

将所有蔬菜切丁；整颗番茄罐头用果汁机搅打成泥备用。

1. 锅中注入橄榄油，将洋葱及大蒜用中火炒香。

2. 再放入其他所有蔬菜一起炒软。

3. 接着倒入白酒拌炒一下，让酒精挥发。

4. 放入月桂叶、番茄泥与基础鸡高汤煮滚。

5. 转小火，熬煮约1小时，最后完成调味即可。

主厨的提示

一直不曾落伍的番茄蔬菜汤，以前称为巫婆减肥汤，食材可以任意搭配，喝一大碗就会很有饱足感。

南瓜浓汤
Pumpkin soup

| 分量‥4人份

材料‥

马铃薯——*250* g
东升南瓜（橘色皮）——*250* g
基础鸡高汤——*800* mL

调味料‥

动物性鲜奶油——*200* g
鲜奶——*400* mL
豆蔻粉——少许
海盐——适量
现磨黑胡椒——适量

注 基础鸡高汤做法请参考 P.36

主厨的提示

餐厅中经典不败的汤品，不管大人小孩都喜欢这带着微甜的浓郁馨香，喝了也让人很有饱足感。

准备工作：

马铃薯与东升南瓜皆去皮切成小丁备用。

1. 将马铃薯、南瓜与基础鸡高汤一起煮到熟软。

2. 用食物调理棒将锅中材料搅打成细腻的泥状。

3. 加入动物性鲜奶油及鲜奶煮滚。

4. 最后放入豆蔻粉、海盐与现磨黑胡椒即可。

蘑菇清汤
Mushrooms soup

分量··4人份

材料··

香菇——*50* g
杏鲍菇——*50* g
金针菇——*50* g
舞菇——*50* g
橄榄油——*10* mL
基础蔬菜高汤——*500* mL

调味料··

白酒——20 mL
海盐——适量
现磨黑胡椒——适量

注 基础蔬菜高汤做法请参考 P.35

准备工作··

香菇、杏鲍菇切片；金针菇切去根部，对切；舞菇用手撕成小朵备用。

1. 锅中注入橄榄油，以小火先将所有菇类炒软炒出香味。

2. 接着倒入白酒拌炒一下，让酒精挥发。

主厨的提示

煮熟的菇类会带有肉香味，即使未加任何海鲜肉类，汤头依然浓厚却又清爽。这道汤品，吃素的朋友也可以安心享用。

3. 倒入基础蔬菜高汤，开大火煮滚后转小火煮 30 分钟。

4. 最后，加入海盐与现磨黑胡椒完成调味即可。

蛤蜊巧达浓汤
Clam chowder

┃ 分量··6人份

材料··

蛤蜊——**500** g
马铃薯——**250** g
西芹——**100** g

调味料··

海盐——适量
现磨黑胡椒——适量

浓汤基底··

无盐奶油——**75** g
低筋面粉——**75** g
基础鱼高汤——**1000** mL
动物性鲜奶油——**100** g
鲜奶——**100** g

(注) 基础鱼高汤做法请参考 P.37

准备工作··

蛤蜊泡盐水吐沙后洗净；马铃薯削去外皮后，切小丁；西芹切小丁备用。

1. 先使用鱼高汤将蛤蜊以小火煮至开口后捞出。

2. 放入马铃薯丁与西芹丁，煮至马铃薯熟透。

3. 将放凉的蛤蜊肉取出备用。

4. 另取一平底锅，放入无盐奶油，以小火煮至熔化。

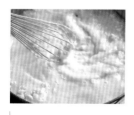

5. 加入低筋面粉，用打蛋器搅拌均匀，再加入基础鱼高汤、动物性鲜奶油和鲜奶。

6. 持续不停搅拌至浓汤煮滚。

7. 放入所有材料一同煮滚后，完成调味即可。

主厨的提示

拥有浓浓海鲜味的浓汤，因为添加了动物性鲜奶油与鲜奶，基于地中海饮食的比例原则，要搭配蔬菜丰富的沙拉喔！

蔬菜清汤
Vegetables soup

| **分量··**4人份

材料··

竹笋——*150* g
花菜——*100* g
四季豆——*50* g
苦瓜——*100* g
基础蔬菜高汤——*800* mL

调味料··

海盐——适量
现磨黑胡椒——适量

注 基础蔬菜高汤做法请参考 P.35

准备工作··

竹笋去壳切小丁；花菜切小朵；四季豆切小丁；苦瓜切小丁备用。

1. 除了四季豆之外，将所有蔬菜材料与基础蔬菜高汤一起放入锅中。

2. 先以大火煮滚后，转小火煮约1小时。

3. 关火前3分钟放入四季豆，完成调味即可。

主厨的提示

即使吃素的人也可以安心享用这道清汤。天冷时，熬一碗蔬菜清汤，搭配一道主食，温暖又饱足！

就爱意大利面

Love Pasta

不需要繁复的各种料理流程，
只要事先准备好意大利面与酱料，再随意搭配各种时令食材，
加上一盘新鲜的蔬菜沙拉，营养又健康，简单搞定！

海鲜奶油鸡蛋面

Fettuccine with seafood and creamy cheese sauce

Ⅰ 分量‥1人份

材料‥

去骨鱼肉——50 g
透抽——40 g
西蓝花——100 g
橄榄油——20 mL
虾仁——6 粒
清水——2000 mL
海盐——15 g
手作鸡蛋意大利面——100 g

调味料‥

白酒——15 mL
奶油起司酱——100 g
现磨黑胡椒——适量

注 1 手作鸡蛋意大利面做法请参考 P.38
2 奶油起司酱做法请参考 P.45

准备工作：

去骨鱼肉切片；透抽去除内脏洗净后，切圈；西蓝花切成小朵备用。

1. 将橄榄油注入锅中，以中火加热。

2. 放入海鲜、西蓝花炒至变色，再倒入白酒拌炒一下。

3. 加入奶油起司酱转小火煮滚备用。

4. 取汤锅，先加清水煮滚后，再加入海盐。

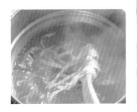

5. 放入手作鸡蛋大利面煮约3分钟后捞起。

6. 将鸡蛋面放入酱汁中，再加入少许煮面水同煮。

7. 翻炒至酱汁浓稠，再以现磨黑胡椒调味即可。

主厨的提示

鱼肉容易破损，所以在翻炒时要小心。鱼肉也可以另外先烫熟，最后再放入面中一起煮一下即可。

清炒小卷细扁面

Linguine with squid and spicy garlic sauce

Ⅰ 分量‥1人份

材料‥

小卷——**100** g
罗勒叶——**5** 片
香蒜辣椒橄榄油——**100** g
清水——**2000** mL
海盐——**15** g
手作原味意大利面——**100** g

调味料‥

白酒——**10** mL
海盐——适量
现磨黑胡椒——适量

准备工作
：

小卷清除内脏，洗净切圈；罗勒叶清洗干净后，撕碎备用。

注 1 手作原味意大利面做法请参考 P.39
2 香蒜辣椒橄榄油做法请参考 P.42

1. 以中小火热锅，然后放入香蒜辣椒橄榄油。

2. 放入小卷拌炒一下，再注入白酒煮至酒精挥发。

3. 等小卷熟透后，先夹起备用。

4. 取汤锅加清水煮滚后，加入海盐与面条，煮约3分钟。

5. 加一勺煮面水于做法3的炒锅中。

6. 将面条捞入炒锅中，再放入小卷一起拌炒。

7. 至酱汁浓稠，放入罗勒叶、海盐与现磨黑胡椒。

主厨的提示

如果不想吃辣，可以将香蒜辣椒橄榄油里的辣椒去掉，这样就能减少辣味。

鸡肉蘑菇奶油甜菜根面

Beetroot tagliatelle with chicken mushrooms and creamy cheese sauce

| 分量··1人份

材料··

鸡腿肉——**100** g
鸿喜菇——**25** g
橄榄油——**30** mL
清水——**2000** mL
海盐——**15** g
手作甜菜根意大利面——**100** g

调味料··

白酒——**15** mL
奶油起司酱——**100** g
现磨黑胡椒——适量

注 1 手作甜菜根意大利面做法请参考 P.41
   2 奶油起司酱做法请参考 P.45

准备工作：

鸡腿肉去皮切成适口大小；鸿喜菇切除根部，手撕成小朵备用。

1. 将橄榄油注入炒锅中，先以中火加热后转小火。

2. 放入鸡腿肉煎至上色，再放入鸿喜菇同炒。

3. 倒入白酒煮一下，再加入奶油起司酱煮滚。

4. 取汤锅加清水煮滚后，加入海盐与面条。

5. 加一勺煮面水于做法3的炒锅中同煮。

6. 待面条煮3分钟后捞起，放入炒锅中同炒。

7. 待酱汁浓稠，即可加入现磨黑胡椒调味。

主厨的提示

这道意大利面好吃的关键在于要先用小火将鸡肉煎至外皮金黄焦脆，做出来的意大利面就能肉香十足。

松露起司奶油菠菜面

Spinach tagliatelle with truffle and creamy cheese sauce

Ⅰ 分量··1人份

材料··

清水——**2000** mL
海盐——**15** g
手作菠菜意大利面——**100** g

调味料··

奶油起司酱——**100** g
松露酱——**30** g
现磨黑胡椒——少许

注 1 手作菠菜意大利面做法请参考 P.40　　2 奶油起司酱做法请参考 P.45

1. 炒锅中先将奶油起司酱与松露酱以小火煮滚。

2. 取汤锅加清水煮滚后，加入海盐与面条。

3. 加一勺煮面水于做法1的炒锅中同煮。

4. 待面条煮3分钟后捞起，放入炒锅中同炒。

5. 待酱汁浓稠，即可加入现磨黑胡椒调味。

主厨的提示

如果想再"奢华"一点，也可以使用新鲜的松露。在意大利面炒好之后，趁热刨上新鲜松露薄片，任空气里飘逸着"华丽"的香气。

小卷青酱意大利面
Tagliatelle with squid and pesto sauce

| 分量··1人份

材料··

小卷——**100** g　　　海盐——**15** g

清水——**2000** mL　　手作原味意大利面——**100** g

调味料··

意式青酱——**20** g

帕达诺起司粉——**10** g

海盐——适量

现磨黑胡椒——适量

注

1 手作原味意大利面做法请参考 P.39

2 意式青酱做法请参考 P.44

准备工作：

小卷去除内脏，洗净后切圈备用。

1. 取汤锅加清水煮滚后，加入海盐。

2. 接着放入面条煮约3分钟。

3. 取一炒锅，放入面条、小卷与一勺煮面水。

4. 待煮面水煮滚后，加入意式青酱与帕达诺起司粉拌炒。

5. 最后加入海盐与现磨黑胡椒调味即可。

主厨的提示

这是一道制作方便又快速的懒人意大利面，把家里冰箱中的海鲜都一起加进去吧！

131

牛肝菌蒜味罗勒番茄酱炒甜菜根面
Beetroot tagliatelle with boletus and marinara sauce

| 分量··1人份

材料··

清水——**30** mL
干牛肝菌——**10** g   海盐——**15** g
清水——**2000** mL   手作甜菜根意大利面——**100** g

调味料··

蒜味罗勒番茄酱——**100** g
海盐——适量
现磨黑胡椒——适量
橄榄油——**10** mL

1 手作甜菜根意大利面做
法请参考 P.41
2 蒜味罗勒番茄酱做法请
参考 P.43

准备工作：

干牛肝菌洗净
后，加清水 30 mL
泡约 20 分钟，泡
牛肝菌的水保留
备用。

1. 炒锅中放入牛肝
菌、蒜味罗勒番
茄酱与牛肝菌水
煮滚。

2. 取汤锅将清水煮
滚后，加入海盐
与面条。

3. 加一勺煮面水于
做法 1 的炒锅中
同煮。

4. 待面条煮 3 分钟
后捞起，放入炒
锅中同炒。

5. 待酱汁浓稠，完
成调味并淋上橄
榄油即可。

主厨的提示

牛肝菌有一种非常特
别的香气，用法和干
香菇有异曲同工之
妙。如果买不到干牛
肝菌，不妨用干香菇
试试！

海鲜青酱炒菠菜面
Spinach tagliatelle with seafood and pesto sauce

I 分量··1人份

材料··

透抽——**60 g**
去骨鱼肉——**30 g**
蛤蜊——**6 个**
虾仁——**6 粒**

橄榄油——**20 mL**
白酒——**20 mL**
清水——**2000 mL**
海盐——**15 g**
手作菠菜意大利面——**100 g**

调味料··

意式青酱——**100 g**

准备工作： 透抽清除内脏，洗净切圈；去骨鱼肉切片；蛤蜊泡盐水吐沙后洗净备用。

注 1 手作菠菜意大利面做法请参考 P.40
2 意式青酱做法请参考 P.44

1. 以中小火热锅，注入橄榄油先炒海鲜料。

2. 再注入白酒煮一下，至酒精挥发。

3. 取汤锅加清水煮滚后，加入海盐与面条。

4. 加一勺煮面水于做法 2 的炒锅中煮滚。

5. 取出炒锅中的海鲜料备用。

6. 面条煮约 3 分钟后捞起，放入炒锅中同炒。

7. 再放回所有海鲜料与意式青酱拌炒均匀即可。

主厨的提示

面条中加了高纤维的菠菜，再加上爽利的青酱，让海鲜吃起来少了腥味，但多了丰美的鲜味。

135

香蒜辣椒蛤蜊鸡蛋面
Fettuccine with clams and spicy garlic sauce

| 分量‥1人份

材料‥

蛤蜊——**18** 个	清水——**2000** mL
罗勒叶——**5** 片	海盐——**15** g
圣女果——**5** 个	手作鸡蛋意大利面——**100** g
白酒——**20** mL	

调味料‥

香蒜辣椒橄榄油——**100** g

准备工作：——

蛤蜊泡盐水吐沙后洗净；罗勒叶撕碎；圣女果对切备用。

注

1 手作鸡蛋意大利面做法请参考 P.38
2 香蒜辣椒橄榄油做法请参考 P.42

1. 以中小火热锅，放入香蒜辣椒橄榄油与圣女果炒一下。

2. 放入蛤蜊并注入白酒，煮至酒精挥发。

3. 取汤锅加清水煮滚后，加入海盐与面条。

4. 加一勺煮面水于做法2的炒锅中煮滚。

5. 面条煮约3分钟后捞起，与罗勒叶一起放入炒锅中拌炒即可。

主厨的提示

这是西餐厅人气居高不下的一道意大利面，添加圣女果可以增加面中的酸香气，并且多一些膳食纤维。

鲜笋青酱炒甜菜根面

Beetroot tagliatelle with bamboo shoots and pesto sauce

┃ 分量‥1人份

材料‥

新鲜竹笋——**50** g
橄榄油——**20** mL
清水——**2000** mL
海盐——**15** g
手作甜菜根意大利面——**100** g

调味料‥

现磨黑胡椒——适量
意式青酱——**20** g

准备工作‥

新鲜竹笋去壳，切小片备用。

注 1 手作甜菜根意大利面做法请参考 P.41
2 意式青酱做法请参考 P.44

1. 以中小火热锅，注入橄榄油，先炒熟竹笋片。

2. 取汤锅加清水煮滚后，加入海盐与面条。

3. 加一勺煮面水于做法 1 的炒锅中煮滚。

4. 面条煮约 3 分钟后捞起，放入炒锅中同炒。

5. 先加入现磨黑胡椒拌炒一下。

6. 最后加入意式青酱拌炒至酱汁浓稠即可。

主厨的提示

用含有高膳食纤维的竹笋作为主角，这道面食即使素食的朋友也可以安心享用。

清炒培根西蓝花细扁面

Linguine with bacon, cauliflower and spicy garlic sauce

| 分量··1人份

材料··

培根——*2* 片
西蓝花——*100* g　　海盐——*15* g
清水——*2000* mL　　手作鸡蛋意大利面——*100* g

调味料··

香蒜辣椒橄榄油——*100* g　　现磨黑胡椒——适量

准备工作：培根对切；西蓝花洗净切小朵备用。

注 1 手作鸡蛋意大利面做法请参考 P.38
2 香蒜辣椒橄榄油做法请参考 P.42

1. 将炒锅以小火加热，放入培根慢煎，释出油脂。

2. 注入香蒜辣椒橄榄油拌炒一下。

3. 取汤锅加清水煮滚后，加入海盐。

4. 然后放入面条与西蓝花一起煮约3分钟。

5. 加一勺煮面水于做法2的炒锅中煮滚。

6. 将面条与西蓝花捞起，一起放入炒锅中拌炒。

7. 待酱汁浓稠，加入现磨黑胡椒调味即可。

主厨的提示

利用培根的油脂来炒意大利面，减少食用油的用量，同时还能让培根的香气更浓郁。

蘑菇蒜味罗勒番茄酱炒菠菜面

Spinach tagliatelle with boletus and marinara sauce

| 分量‥1人份

材料‥

香菇——**2** 朵
杏鲍菇——**20** g
秀珍菇——**20** g
橄榄油——**20** mL
白酒——**15** mL
清水——**2000** mL
海盐——**15** g
手作菠菜意大利面——**100** g

调味料‥

蒜味罗勒番茄酱——**150** g
海盐——适量
现磨黑胡椒——适量

注
1 手作菠菜意大利面做法请参考 P.40
2 蒜味罗勒番茄酱做法请参考 P.43

准备工作：

香菇切片；杏鲍菇切片；秀珍菇切片备用。

1. 以中小火热锅，注入橄榄油先炒香所有菇片。

2. 接着注入白酒煮一下，使酒精挥发。

3. 取汤锅加清水煮滚后，加入海盐与面条。

4. 炒锅中加入蒜味罗勒番茄酱。

5. 再加入一勺煮面水拌煮一下。

6. 等面煮约3分钟后，将面捞起，放入炒锅中同炒。

7. 待酱汁浓稠，加入海盐与现磨黑胡椒即可。

主厨的提示

没有使用肉类，却一样拥有丰厚浓郁香气的意大利面，就算这餐不吃肉，也完全没有空虚感。

鲜虾蒜味罗勒番茄酱炒鸡蛋面

Fettuccine with shrimps and marinara sauce

I 分量‥1人份

材料‥

四季豆——**30** g
虾仁——**10** 粒
橄榄油——**20** mL
白酒——**10** mL
清水——**2000** mL
海盐——**15** g
手作鸡蛋意大利面——**100** g

调味料‥

蒜味罗勒番茄酱——**100** g
海盐——适量
现磨黑胡椒——适量

注 1 手作鸡蛋意大利面做法请参考 P.38
　 2 蒜味罗勒番茄酱做法请参考 P.43

准备工作：

四季豆切除头尾后，对切备用。

1. 以中小火热锅，注入橄榄油先拌炒虾仁。

2. 注入白酒煮一下后，取出熟透的虾仁备用。

3. 取汤锅加清水煮滚后，加入海盐。

4. 然后放入面条与四季豆一起煮约3分钟。

5. 炒锅中加入蒜味罗勒番茄酱与一勺煮面水同煮。

6. 捞起面条与四季豆，放入炒锅中拌炒均匀。

7. 放入虾仁，一起拌炒并完成调味即可。

主厨的提示

除了虾仁，也可以使用其他方便取得的海鲜，如去骨鱼片、小卷、干贝等，都是非常棒的选择。

P — A — R — T

5

Mediterranean Diet

经典主菜

Classic Main Course

地中海饮食主要提倡多食海鲜、蔬菜，红肉的配比建议酌减。
因此本单元也以此为依据，大量挑选海鲜料理，
让大家能随心所欲、健康地享受美食。

纸包海鲜
Seafood parcels

Ⅰ 分量··4人份

材料·· ———————

去骨鱼肉——**100** g
大蛤蜊——**8** 个
草虾——**4** 只
小卷——**2** 只
圣女果——**5** 个
去籽橄榄——**10** 颗
大蒜——**15** g
新鲜百里香——**3** 枝

调味料·· ———————

白酒——**100** mL
橄榄油——**20** mL
海盐——适量
现磨黑胡椒——适量

烘焙纸——**2** 张

准备工作·:

去骨鱼肉切片；大蛤蜊泡盐水吐沙后，洗净；草虾留头尾，剥除身体的壳后，开背，去除肠泥；小卷去除内脏，洗净后切圈；圣女果对切；去籽橄榄切片；大蒜切片备用。将烤箱预热至250 ℃。

1. 将所有材料铺放在一张烘焙纸上。

2. 接着撒上适量的海盐与现磨黑胡椒调味。

3. 盖上另一张烘焙纸，三边紧密折入。

4. 然后从开口处倒入白酒。

5. 再倒入橄榄油后封口。

6. 放在烤盘上，再放进烤箱烘烤15分钟即可。

主厨的提示

原汁原味的海鲜料理，可以随意组合任何海鲜食材，重点是一定要新鲜。再搭配简单的面包与蔬菜沙拉，就是丰盛又营养的一餐啰！

蒜辣香草烤鲜虾

Roasted shrimps with spicy garlic and thyme

| 分量··2~3人份

材料··

草虾——**10** 只
大蒜——**20** g
辣椒——**1** 个
新鲜百里香——**2** 枝

调味料··

海盐——适量
现磨黑胡椒——适量
橄榄油——**30** mL

准备工作·· 草虾留头尾，剥除身体的虾壳，开背，去除肠泥；大蒜切片；辣椒切碎备用。将烤箱预热至 250 ℃。

1. 先在耐热盘中铺放草虾。

2. 然后均匀铺放蒜片、辣椒碎与新鲜百里香。

3. 撒上海盐与现磨黑胡椒后，再淋上橄榄油。

4. 耐热盘放进烤箱中。

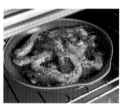

5. 烘烤约 7 分钟至草虾熟透即可。

主厨的提示

草虾经高温烤过香味四溢，取下的虾壳还可以拿来熬高汤喔！

茄汁炖小卷
Tomato stewed squids

分量··6人份

材料··

小卷——**6** 只（小）　　九层塔叶——**10** 片
圣女果——**30** 个　　橄榄油——**100** mL
大蒜——**50** g

调味料··

海盐——适量
现磨黑胡椒——适量

准备工作：

小卷取出内脏后清洗干净；圣女果对切；大蒜轻拍裂；九层塔叶洗净备用。

1. 将橄榄油注入深锅中，以小火先将大蒜慢慢炒香。

2. 再放入九层塔叶炒一下。

3. 放入圣女果，先改大火煮滚。

4. 接着放入小卷，再转小火慢慢煮约20分钟。

5. 最后撒入海盐和现磨黑胡椒调味即可。

主厨的提示

炖煮小卷时，一定要使用小火，这样才不会煮出口感硬还不入味的小卷。

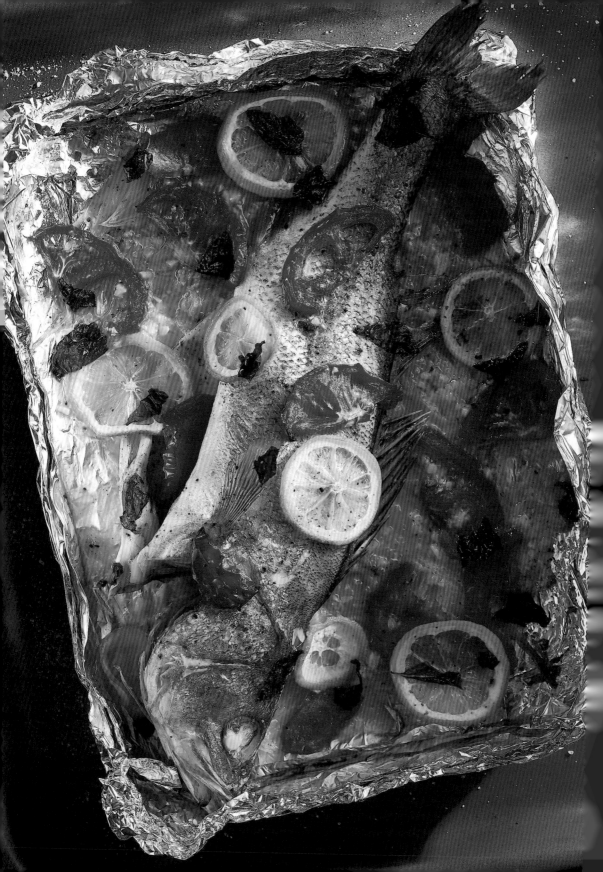

黄柠檬烤鲜海鱼
Roasted fish with lemon

I 分量··6人份

材料··

鲈鱼——*1*尾（*250~300* g）
番茄——*1*个
洋葱——*100* g　　　黄柠檬——*1/2* 个
大蒜——*20* g　　　九层塔叶——*6* 片

调味料··

海盐——适量
现磨黑胡椒——适量
橄榄油——适量
白酒——*20* mL

铝箔纸——*1*张

准备工作··

鲈鱼洗净；番茄对切后切薄片；黄柠檬切薄片；洋葱切丝；大蒜切碎备用。将烤箱预热至250℃。

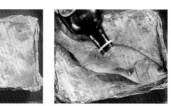

1. 先用铝箔纸在烤盘上折压出一个浅盘。

2. 铺上洋葱丝与大蒜碎，再放上鲈鱼。

3. 撒上海盐与现磨黑胡椒后，淋上白酒与橄榄油。

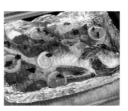

4. 均匀摆放黄柠檬片、番茄片与九层塔叶。

5. 将烤盘放进烤箱中。

6. 烘烤 12 ~ 14 分钟即可。

主厨的提示

使用黄柠檬来烤鱼，口感上没有青柠檬的苦味。若无黄柠檬，可在鱼烤好之后，再淋上青柠檬汁。

香蒜综合蛤蜊锅
Cooked clams with garlic

| 分量··6人份

材料··

大蛤蜊——**300** g
海瓜子——**300** g
赤嘴仔——**300** g
圣女果——**10** 个
大蒜——**50** g
橄榄油——**100** mL
九层塔叶——**10** 片
白酒——**150** mL

调味料··

现磨黑胡椒——适量

准备工作：

大蛤蜊、海瓜子、赤嘴仔泡盐水吐沙后，洗净；圣女果对切；大蒜拍裂备用。

1. 深锅中注入橄榄油，以小火炒香大蒜。

2. 然后放入九层塔叶和圣女果拌炒。

3. 加入所有贝类并注入白酒。

4. 转大火将贝类煮至张开口。

5. 最后以现磨黑胡椒调味即可。

主厨的提示

使用多种贝类来煮这道料理，不但可以品尝到贝类的口感，煮出来的汤汁还可以拿来蘸面包或煮意大利面，味道特别鲜。

烤鲑鱼佐番茄莎莎酱
Roasted salmon with tomato salsa

| 分量‥2人份

材料‥

鲑鱼——*1* 片（约 *300* g）

番茄莎莎酱‥

圣女果——*10* 个
洋葱——*50* g
大蒜——*20* g
九层塔叶——*10* 片
橄榄油——*60* mL
红酒醋——*15* mL
海盐——适量
现磨黑胡椒——适量

调味料‥

海盐——适量
现磨黑胡椒——适量
橄榄油——少许

准备工作‥

圣女果切丝；洋葱与大蒜切碎；九层塔叶洗净切碎备用。将烤箱预热至 250 ℃。

1. 将番茄莎莎酱所有材料拌匀备用。

2. 将鲑鱼放在烤盘上，撒、淋上所有调味料。

3. 放进烤箱烤约 9 分钟。

4. 待鲑鱼烤熟后取出，静置一下。

5. 最后淋上番茄莎莎酱即可。

主厨的提示

新鲜圣女果的酸香可以解鲑鱼的油腻。如果没有红酒醋，用柠檬汁取代也可以！

干煎鲭鱼佐新鲜甜橙酱
Sauted mackerel with orange sauce

分量··2人份

材料··

柳橙——**3** 个
鲭鱼片——**2** 片
橄榄油——**20** mL

调味料··

海盐——适量
细砂糖——少许
无盐奶油——**40** g

准备工作··

柳橙1个削皮取果肉，另2个榨汁备用。

1. 锅中注入橄榄油，以大火将鲭鱼煎至两面熟透。

2. 取出鲭鱼，原锅放入柳橙汁、柳橙果肉、海盐与细砂糖。

3. 以小火煮至酱汁剩下一半。

4. 放入无盐奶油快速搅拌，然后淋在鲭鱼片上即可。

主厨的提示

鲭鱼价格低廉，营养价值又高，可以经常食用。改用白带鱼做这道主菜也非常好吃。

烧烤透抽拌黄柠檬番茄莎莎酱
Grilles squid mix lemon tomato salsa

| 分量·· 2人份

材料··

透抽——**1**只（约**600** g）
白酒——**30** mL

调味料··

橄榄油——少许
海盐——适量
现磨黑胡椒——适量

准备工作··

透抽去除内脏洗净后，切圈；圣女果对切；洋葱切丝；大蒜切碎；九层塔叶洗净；黄柠檬取少许皮，并将果肉榨汁备用。

黄柠檬番茄莎莎酱··

圣女果——**6** 个
洋葱——**50** g
大蒜——**20** g

九层塔叶——**10** 片
黄柠檬皮——少许
黄柠檬——**1**个（榨汁）

橄榄油——**100** mL
海盐——适量
现磨黑胡椒——适量

1. 先将黄柠檬番茄莎莎酱所有材料拌匀备用。

2. 透抽与调味料拌匀备用。

3. 铸铁锅以大火加热至高温。

4. 放入透抽，快速烧烤至熟透。

5. 起锅前淋入白酒，盛出后与做法1的黄柠檬番茄莎莎酱拌匀即可。

主厨的提示

烧烤透抽时，锅一定要够热，这样才能将透抽表面烧炙出透抽特有的香味。

烤干贝佐莳萝优格沙拉酱
Roasted scallop with dill yogurt sauce

| 分量··4~6人份

材料··

干贝——**25**个
圣女果——**5**个

调味料··

海盐——适量
现磨黑胡椒——适量
橄榄油——**40** mL
白酒——**30** mL

蘸酱··

莳萝优格沙拉酱——**50** g

注

莳萝优格沙拉酱做法请参考 P.33

 主厨的提示

新鲜干贝的边缘有一小块坚韧的柱肉，一定要撕除，这样烤出来的干贝才会软嫩。

准备工作··

将干贝边缘的柱肉撕除；圣女果对切备用。将烤箱预热至 250 ℃。

1. 将干贝与圣女果均匀铺在烤盘上。

2. 依序撒入所有调味料。

3. 烤盘放进烤箱中。

4. 烤约 4 分钟取出，搭配莳萝优格沙拉酱上桌。

拿坡里炸海鲜
Napoli fried seafoods

| 分量‥ 4人份

材料‥

透抽——**1**只
草虾——**4**只
去骨鱼肉——**150** g
杜兰小麦粉——**150** g
黄柠檬——**1**个

调味料‥

葡萄籽油——适量（炸油）
海盐——适量
现磨黑胡椒——适量

准备工作：

透抽去除内脏洗净，切圈；草虾留下头尾，剥去身体的壳；去骨鱼肉切块备用。

1. 炸锅内先加入葡萄籽油，以中大火加热至180℃。

2. 等待油升温期间，将海鲜与调味料拌匀。

3. 然后充分裹上杜兰小麦粉。

4. 放入炸锅中油炸至海鲜浮起。

5. 待海鲜表面上色，即可捞出，挤上黄柠檬汁食用。

主厨的提示

使用杜兰小麦粉当作裹粉，让海鲜外皮更酥脆且不吸油。若无杜兰小麦粉，可用一般面粉取代。

茄汁炖鲔鱼
Tomato stewed tuna

Ⅰ 分量··4人份

材料··

鲔鱼——*300* g
洋葱——*50* g
大蒜——*20* g
九层塔叶——*10* 片

整颗番茄罐头——*150* g
橄榄油——*50* mL
基础鱼高汤——*100* mL
黑橄榄——*10* 颗

调味料··

干燥奥勒冈叶——*1/2* 大匙
海盐——适量

现磨黑胡椒——适量

准备
工作
··

鲔鱼切大块；洋葱切小丁；大蒜切片；九层塔叶洗净；整颗番茄罐头用食物调理机搅打成泥备用。

注 基础鱼高汤做法请参考 P.37

1. 将橄榄油注入锅中，放入洋葱与蒜片以小火炒香。

2. 放入番茄泥、干燥奥勒冈叶与九层塔叶同炒。

3. 倒入基础鱼高汤煮约 10 分钟。

4. 加入海盐与现磨黑胡椒调味。

5. 放入鲔鱼块与黑橄榄。

6. 以大火煮滚后转小火，炖煮约 5 分钟即可。

主厨的提示

除了鲔鱼，也可以换成鲑鱼、马鲛鱼等，味道也不错。

海鲜煎饼佐莳萝优格沙拉酱
Seafood pancakes with dill yogurt dressing

┃ 分量··4人份

材料··

整颗番茄罐头——**2** 颗	费塔起司——**200** g
洋葱——**30** g	鸡蛋——**1** 个
青葱——**1** 根	面粉——**100** g
新鲜百里香叶——**3** g	橄榄油——**100** mL（煎饼用）
虾仁——**10** 粒	
小卷——**100** g	
干燥奥勒冈叶——**3** g	

准备工作：

整颗番茄罐头切小丁；洋葱切小丁；青葱切成葱花；百里香取叶；虾仁切小丁；小卷去除内脏后洗净，切小丁备用。

调味料··

海盐——适量
现磨黑胡椒——适量

蘸酱··

莳萝优格沙拉酱
——适量

莳萝优格沙拉酱做法请参考 P.33

1. 除橄榄油外，将所有材料和调味料放入大调理碗中。

2. 充分搅拌成团。

3. 煎锅中先注入橄榄油，以中小火加热。

4. 倒入做法2的海鲜面糊，用锅铲轻轻压扁。

5. 将两面煎至酥脆即可搭配莳萝优格沙拉酱上桌。

主厨的提示

喜欢的海鲜材料通通都可以加入，又或者把海鲜换成蔬菜，例如洋葱、马铃薯、胡萝卜等都很适合喔！

烤鲭鱼佐百里香柠檬油醋
Roasted mackerel with Thyme lemon olive oil

| 分量··2人份

材料··

圣女果——**10** 个
洋葱——**50** g
鲭鱼片——**2** 片

调味料··

海盐——适量
现磨黑胡椒——适量
橄榄油——**20** mL

准备工作：

圣女果对切；洋葱切大丁；新鲜百里香取叶备用。

百里香柠檬油醋··

新鲜百里香——**2** 枝
橄榄油——**50** mL

黄柠檬——**1** 个（挤汁）
海盐——适量

现磨黑胡椒——适量

1. 先将烤箱预热至250 ℃，放入鲭鱼片烘烤。

2. 烘烤约6分钟后取出备用。

3. 在烤盘上，将洋葱、圣女果与调味料拌匀。

4. 放入同样温度的烤箱，再烤约5分钟。

5. 取出翻搅一下，再放回烤箱烘烤5分钟。

6. 等待时，把百里香柠檬油醋的所有材料拌匀。

7. 将洋葱、圣女果取出，摆盘淋上百里香柠檬油醋即可。

主厨的提示

鲭鱼是一种随手可得的高营养价值的鱼，也可以使用白带鱼、鲑鱼等来取代。

水煮鲜蚵佐番茄莎莎酱

Boiled fresh oyster with tomato salsa

| 分量··4人份

材料··

圣女果——**6** 个
大蒜——**4** g
洋葱——**10** g
九层塔叶——**10** 片
清水——**400** mL
橄榄油——**30** mL
白酒——**60** mL
鲜蚵——**280** g

调味料··

橄榄油——**40** mL
巴萨米可醋——**6** mL
海盐——适量
现磨黑胡椒——适量

准备工作··

圣女果切细丝；大蒜切碎；洋葱切碎；九层塔叶洗净切碎备用。

1. 将准备工作中的材料放入大调理碗中，加入调味料。

2. 充分搅拌均匀后即成番茄莎莎酱，备用。

3. 将清水倒入锅中煮滚后，放入橄榄油与白酒。

4. 接着放入鲜蚵迅速汆烫。

5. 取出鲜蚵摆盘，淋上做法2的酱料即可。

主厨的提示

秋冬时节的鲜蚵特别肥美鲜嫩。若不喜欢吃鲜蚵，也可以使用蛤蜊肉取代。

175

香草烤全鸡
Herb roasted chicken

| 分量··6人份

材料··

肉鸡——*1* 只（约 1200 g）
洋葱——*1/2* 个
大蒜——*10* 瓣
红葱头——*10* 粒
橄榄油——*50* mL
新鲜迷迭香——*3* 枝
新鲜百里香——*10* g

调味料··

海盐——适量
现磨黑胡椒——适量

准备工作：

全鸡去头斩开；
洋葱、大蒜、红葱头切丝备用。将烤箱预热至190 ℃。

1. 烤盘上先均匀铺上洋葱、大蒜与红葱头。

2. 放上全鸡，均匀抹上橄榄油。

3. 充分撒上海盐与现磨黑胡椒。

4. 再将新鲜迷迭香与新鲜百里香铺好。

5. 将烤盘放入烤箱。

6. 烘烤约 40 分钟，至鸡肉熟透呈现金黄色即可。

主厨的提示

如果觉得一整只鸡分量太大，也可以使用鸡块。吃不完时，不妨把鸡肉撕下来，做成鸡丝沙拉或三明治都很棒！

番茄鲜菇炖鸡块
Stewed chicken with tomato and mushroom

┃ 分量··4人份

材料··

洋葱——*150* g
圣女果——*20* 个
鸿喜菇——*150* g
大蒜——*40* g
红葱头——*30* g
仿土鸡——*1/2* 只（切块）
面粉——适量
橄榄油——*100* mL

九层塔叶——*15* 片
新鲜百里香——*5* 枝
白酒——*150* mL
基础鸡高汤——*200* mL

调味料··

海盐——适量
现磨黑胡椒——适量

 准备工作：

洋葱切丁；圣女果对切；鸿喜菇切除根部，手撕成小朵；大蒜切碎；红葱头切小丁备用。

注 基础鸡高汤做法请参考 P.36

1. 将仿土鸡鸡块撒上调味料，再裹一层面粉。

2. 锅中倒入橄榄油，放入仿土鸡鸡块，以中火煎上色。

3. 放入洋葱与红葱头炒软，再放大蒜碎炒香。

4. 接着加入鸿喜菇炒软。

5. 再放圣女果、所有香草与白酒煮一下。

6. 倒入基础鸡高汤，以大火煮滚后转小火炖煮。

7. 至酱汁浓稠，再以海盐与现磨黑胡椒调味即可。

主厨的提示

鸡肉块要使用带骨的，炖煮过程中能让酱汁更浓郁，鸡肉的香气也更足。

猎人式炖鸡
Chicken cacciatore

| 分量‥2人份

材料‥

去骨仿土鸡鸡腿——*1* 个
干牛肝菌——*10* g
清水——*30* mL
洋葱——*1/2* 个
大蒜——*3* 瓣
圣女果——*5* 个
海盐与现磨黑胡椒——少许
橄榄油——*50* mL
鳀鱼——*5* 片
黑橄榄——*8* 颗
白酒——*100* mL
基础鸡高汤——*100* mL

调味料‥

干燥奥勒冈叶——*1* 小匙
海盐——适量
现磨黑胡椒——适量

注 基础鸡高汤做法请参考 P.36

准备工作：

去骨仿土鸡鸡腿去皮切块；干牛肝菌洗净加清水30 mL泡约20分钟；洋葱切丝；大蒜切片；圣女果对切备用。

1. 将鸡腿肉加少许海盐与现磨黑胡椒拌匀。

2. 锅中注入橄榄油，以中火将鸡腿肉煎到上色。

3. 转小火，加入洋葱丝炒软。

4. 加入蒜片、鳀鱼及圣女果一起翻炒一下。

5. 接着放入牛肝菌和黑橄榄，再加入白酒煮一下。

6. 倒入基础鸡高汤并放入所有调味料，以小火将酱汁收干。

主厨的提示

干牛肝菌让这道菜拥有特别的香味。如果没有，可以用干香菇取代。

鸡胸肉煨牛肝菌奶油酱

Stewed chicken breast with boletus cream sauce

| 分量··3人份

材料··

干牛肝菌——*10* g
清水——*30* mL
鸡胸肉——*2* 块
海盐与现磨黑胡椒——少许
面粉——适量
无盐奶油——*40* g
白酒——*100* mL
动物性鲜奶油——*100* mL

调味料··

海盐——适量
现磨黑胡椒——适量

准备工作：

干牛肝菌洗净后，加清水30mL浸泡约20分钟；鸡胸肉去除鸡皮备用。

1. 先将鸡胸肉撒上少许海盐与现磨黑胡椒。

2. 再裹上一层薄薄的面粉备用。

3. 锅中加无盐奶油，以中小火将鸡胸肉煎上色。

4. 放入牛肝菌，并倒入白酒煮至酒精挥发。

5. 接着倒入动物性鲜奶油煮一下让酱汁浓稠。

6. 起锅前，撒上海盐及现磨黑胡椒调味即可。

主厨的提示

在煎鸡胸肉的过程中要使用中小火，且不要太上色，这样煮好的鸡胸肉就会鲜嫩多汁喔！

原味鸡肉串佐巴萨米可醋
Chicken kabobs with balsamic

| 分量··2人份

材料··

去骨鸡腿——**1**个
新鲜迷迭香——**1**枝

调味料··

巴萨米可醋——**5** mL
橄榄油——**20** mL
海盐——适量
现磨黑胡椒——适量

竹扦子——若干

准备工作··

将去骨鸡腿去皮切小块，用竹扦子穿起来备用。将烤箱预热至250 ℃。

1. 将穿好的去骨鸡腿肉放在烤盘上，先淋上巴萨米可醋。

2. 再淋上橄榄油。

3. 撒上海盐、现磨黑胡椒与新鲜迷迭香叶。

4. 将烤盘放入烤箱中烘烤。

5. 烤约5分钟至去骨鸡腿肉熟透即可取出。

主厨的提示

用竹扦子穿鸡腿肉的时候，也可以穿些甜椒、洋葱等搭配，一方面增添风味，另一方面可增加蔬菜的摄取量。

百里香烤鸡块
Roasted chicken with Thyme

| 分量··4人份

材料·· ————————

肉鸡——**1/2** 只（切块）
橄榄油——**50** mL
新鲜百里香——**4** 枝

调味料·· ————————

海盐——适量
现磨黑胡椒——适量

1. 烤箱预热至250℃。将鸡肉块放在烤盘上，先淋上橄榄油。

2. 撒上海盐、现磨黑胡椒与新鲜百里香。

3. 用手仔细将鸡肉块与所有材料搓揉均匀。

4. 然后以不重叠的方式重新铺排鸡肉块。

5. 将烤盘放入烤箱中烘烤。

6. 烤约20分钟，至鸡肉块熟透呈金黄色即可。

主厨的提示

超简单快速的鸡肉料理，若不嫌麻烦，先以大火将鸡皮煎香，再放入烤箱，鸡皮会更香脆喔！

嘴里跳舞的肉
Saltimbocca

┃ 分量·· 4人份

材料··

猪小里脊——**400** g
鼠尾草——**4** 片
西班牙火腿——**4** 片（意大利火腿亦可）
面粉——适量
无盐奶油——**200** g
玛莎拉酒——**50** mL

调味料··

海盐——适量
现磨黑胡椒——适量

准备工作：

将猪小里脊先切成约100 g一块，再用肉槌拍扁成为肉片备用。

1. 肉片上先放一片鼠尾草，再放上西班牙火腿。

2. 用肉槌轻拍几下，让鼠尾草和火腿能紧黏在肉上面。

3. 撒上调味料后，再沾上一层面粉。

4. 将100 g无盐奶油放入锅中，加热熔化。

5. 有鼠尾草面的肉片先朝下放入锅中，以小火慢煎。

6. 待两面微微上色后，倒入玛莎拉酒煮一下。

7. 放入剩下的无盐奶油稍煮并用调味料完成调味。

主厨的提示

猪小里脊质软嫩，脂肪含量很少，非常适合当作地中海饮食的食材。

松阪猪肉串佐苏打饼干
Pork jowl kabobs with soda crackers

I 分量··4人份

材料··

松阪猪肉——**500** g　番茄——**1** 个
洋葱——**100** g　苏打饼干——**10** 片

腌肉料··

番茄糊——**50** g
西班牙烟熏辣椒粉（Paprika）——**10** g
法式芥末籽酱——**40** g
优格——**100** g

新鲜百里香碎——**5** 枝量
海盐——适量
现磨黑胡椒——适量

竹扦子——若干

准备工作··

松阪猪肉斜刀切厚片；洋葱切丝；番茄对切后切薄片备用。将烤箱预热至 250 ℃。

1. 先把全部腌肉料与松阪猪肉放入大调理盆中。

2. 充分搅拌均匀。

3. 封上保鲜膜，放入冰箱冷藏腌渍一夜。

4. 取出松阪猪肉，用竹扦子穿成串。

5. 将烤盘放入烤箱。

6. 烘烤约 10 分钟至肉熟且呈金黄色取出。

7. 搭配洋葱丝、番茄片与苏打饼干。

主厨的提示

松阪猪肉其实就是靠近猪颈部位的猪肉，肉质脆口有弹性，也可以使用梅花猪肉取代。

猪小里脊佐酸豆鳀鱼番茄酱

Fried pork tender loin with capers, anchovy and tomato sauce

Ⅰ 分量··4人份

材料··

猪小里脊——*250* g
整颗番茄罐头——*100* g
洋葱——*50* g
大蒜——*10* g
去籽黑橄榄——*20* g
面粉——适量
橄榄油——*100* mL
鳀鱼——*3* 片
酸豆——*10* g
白酒——*50* mL
基础鸡高汤——*100* mL

 注

基础鸡高汤做法请参考
P.36

调味料··

A
海盐——适量
现磨黑胡椒——适量
B
干燥奥勒冈叶——*1/2* 小匙
海盐——适量
现磨黑胡椒——适量

准备工作：

猪小里脊先切成约 50 g 一块，再用肉槌拍成约 0.4 cm 厚片；整颗番茄罐头用食物调理机搅打成泥；洋葱、大蒜切碎；去籽黑橄榄切片备用。

1. 将猪小里脊撒上调味料 A，再沾上少许面粉。

2. 锅中注入橄榄油，将猪小里脊煎至上色后取出。

3. 原锅加入洋葱以小火炒软，再加入大蒜炒香。

4. 加入鳀鱼、酸豆与黑橄榄拌炒，再倒入白酒。

5. 放入番茄泥、基础鸡高汤与调味料 B，以小火熬煮。

6. 10 分钟后，放入猪小里脊，再煮约 5 分钟即可。

主厨的提示

猪肉先去筋膜，然后切稍厚一点，再用肉槌拍成薄片，这样破坏猪肉组织，料理出来的猪肉就会很软嫩。

香草烤梅花猪肉
Herb roasted pork shoulder

| 分量··8人份

材料··

梅花猪肉——**1200** g　　现磨黑胡椒——适量
海盐——适量

准备工作··：

大蒜磨成泥；新鲜百里香与迷迭香切碎备用。将烤箱预热至250 ℃。

调味料··

大蒜——**5** 瓣　　　　小茴香粉——**2** g　　现磨黑胡椒——适量
新鲜百里香——**30** g　橄榄油——适量　　法式芥末籽酱——适量
新鲜迷迭香——**30** g　海盐——适量　　　黄柠檬——**1** 个（挤汁）

1. 除黄柠檬汁外，调味料全部放入钢盆中拌匀。

2. 先将梅花猪肉表面撒上海盐与现磨黑胡椒。

3. 接着均匀抹上做法 1 的调味料。

4. 包上保鲜膜，放入冰箱冷藏腌渍一夜。

5. 将梅花猪肉放在烤盘上，再放进烤箱。

6. 约 30 分钟后取出，再静置至少15 分钟。

7. 切成厚片，挤上黄柠檬汁即可。

主厨的提示

将整块梅花猪肉先腌渍后再烘烤，可以烤出外酥里嫩的口感。

鳀鱼香蒜炖猪尾
Stewed pig's tail with garlic and anchovy

I **分量**‥6人份

材料‥

猪尾——**4** 条
圣女果——**300** g
橄榄油——**100** mL
大蒜——**100** g
鳀鱼——**15** 片
白酒——**200** mL
新鲜百里香——**4** 枝
基础鸡高汤——**500** mL

调味料‥

海盐——适量
现磨黑胡椒——适量

注 基础鸡高汤请参考 P.36

准备工作‥

猪尾切段；圣女果对切备用。

1. 煮一锅滚水，放入猪尾汆烫。

2. 取出用清水洗净备用。

3. 锅中注入橄榄油，以小火慢煸大蒜与鳀鱼。

4. 待鳀鱼软烂，加入圣女果翻炒约5分钟。

5. 放入猪尾与白酒，一起煮至白酒剩一半。

6. 加入新鲜百里香与基础鸡高汤，煮滚后转小火。

7. 炖煮约1小时，加入海盐与现磨黑胡椒调味即可。

主厨的提示

猪尾巴含有丰富的胶质，也可以换成猪蹄来炖煮，吃起来口感更好。

牛肉煎饼佐莳萝优格沙拉酱
Minced beef pancakes with dill yogurt dressing

┃ 分量··4~6人份

材料··

红辣椒——1个
洋葱——50 g
大蒜——30 g
青葱——1根
新鲜迷迭香——1枝
牛梅花绞肉——200 g
橄榄油——100 mL（煎饼用）

调味料··

海盐——适量
现磨黑胡椒——适量

蘸酱··

莳萝优格沙拉酱——适量

准备工作··

红辣椒、洋葱、大蒜与青葱切碎；新鲜迷迭香取叶切碎备用。

注 莳萝优格沙拉酱做法请参考 P.33

1. 牛梅花绞肉和除橄榄油外的其他材料一起剁一剁。

2. 再放入海盐与现磨黑胡椒，充分搅拌均匀。

3. 塑形成圆饼状。

4. 平底锅中注入橄榄油，放入肉饼。

5. 以小火慢煎至肉饼熟透，外表金黄焦脆，搭配莳萝优格沙拉酱上桌即可。

主厨的提示

牛绞肉也可以换成猪绞肉，煎饼可以做小一点，就变成汉堡啰！也可以一次多做一些，分装放冰箱冷冻保存。

蔬菜水煮牛肚
Stewed honey come tripe with vegetables

I **分量**‥6人份

材料‥

胡萝卜——**1**个
西芹——**300** g
洋葱——**1**个
牛肚——**1**个
白酒——**300** mL
新鲜迷迭香——**2**枝
月桂叶——**6**片

调味料‥

海盐——适量
现磨黑胡椒——适量
黄柠檬汁——适量

准备工作‥

将胡萝卜、西芹与洋葱全部切丝备用。

1. 煮一锅滚水,放入牛肚烫煮约5分钟。

2. 捞起,用清水清洗干净。

3. 再放入深锅中,加入白酒与冷水淹过牛肚。

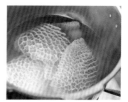

4. 以大火煮滚后,转小火煮约1小时。

5. 再加入所有蔬菜与新鲜迷迭香、月桂叶,煮约30分钟。

6. 取出冷却后,切厚片,搭配锅中的各种蔬菜。

7. 撒上海盐与现磨黑胡椒,挤上黄柠檬汁享用。

主厨的提示

地中海沿岸还是有很多国家吃动物内脏的喔!如果不喜欢牛肚,那就改用猪肚吧!

201

希腊番茄炖牛肉丸
Greek meatballs in tomato sauce

I 分量··6人份

番茄酱材料··

洋葱——*300* g
大蒜——*50* g
九层塔叶——*30* g
整颗番茄罐头——*2* 罐
橄榄油——*100* mL

白酒——*200* mL
干燥奥勒冈叶——*1/2* 小匙
清水——*300* mL
海盐——*7* g
现磨黑胡椒——适量

牛肉丸材料··

洋葱——*250* g   牛绞肉——*500* g   海盐——*8* g
新鲜迷迭香——*1* 枝   鸡蛋——*1* 个   现磨黑胡椒——*0.5* g

准备工作：

番茄酱材料：洋葱、大蒜、九层塔叶切碎；整颗番茄罐头用食物调理机搅打成泥备用。

牛肉丸材料：洋葱切碎；新鲜迷迭香取叶并切碎备用。

1. 烤箱预热至250 ℃。深锅中先注入橄榄油，以中小火炒软洋葱。

2. 接着放入大蒜炒香，再注入白酒煮滚。

3. 加入番茄酱的其他材料，以小火煮约1小时。

4. 等待时，将牛肉丸所有材料搅拌至有黏性。

5. 搓揉成大小均匀的牛肉丸，置于烤盘上。

6. 放入烤箱中略烤一下定型，防止后面煮散。

7. 将牛肉丸放入番茄酱汁中炖煮10分钟即可。

主厨的提示

这道主菜也可以换用猪绞肉制作，记得要选用脂肪含量少的猪绞肉喔！

红酒炖牛肉
Beef braised in red wine

| 分量··4人份

材料··

牛腱——2 块
海盐——适量
现磨黑胡椒——适量
橄榄油——50 mL
洋葱——1/2 个
红葱头——40 g
番茄糊——30 g
红酒——150 mL

A 胡萝卜——150 g
　西芹——150 g
　大蒜——40 g
B 整颗番茄罐头——250 g
　新鲜迷迭香——1 枝
　月桂叶——2 片
　清水——750 mL

调味料··

海盐——适量　　现磨黑胡椒——适量

准备工作：

牛腱切大块；洋葱、红葱头、胡萝卜与西芹切大丁备用。将烤箱预热至250 ℃。

1. 先将牛腱撒上海盐与现磨黑胡椒。

2. 将牛腱放入烤箱中烤约 20 分钟后取出。

3. 将橄榄油注入深锅中，以小火炒软洋葱与红葱头。

4. 加入材料 A 同炒后，再加番茄糊一起拌炒。

5. 放入牛腱，并倒入红酒煮一下。

6. 加入材料 B 煮滚后，完成调味。

7. 烤箱温度调降至200 ℃，放入烤煮约 1 小时即可。

主厨的提示

这是一道非常经典的炖牛肉料理。如果不喜欢牛肉，改成梅花猪肉也很棒！

完美甜点

Perfect Desserts

一餐饭没有甜点，就像一篇文章没有最后的句号般遗憾。
慢食与满足对健康而言，都很重要。
只要斟酌享用，使用好的食材，并且开心品尝，
不用担心甜点会对身体造成负担喔！

红酒煮水梨
Red wine poached pear

| 分量··6人份

材料··

水梨——**6**个
红酒——**1**瓶
细砂糖——**200** g
肉桂棒——**1**枝

准备
工作
：

水梨削皮对切
后，挖除中心的
果核备用。

1. 汤锅中，加入红酒、
细砂糖与肉桂棒一
起煮滚。

2. 再加入水梨，转小
火煮约 10 分钟。

3. 关火，让水梨浸泡
至第二天即可。

主厨的提示

水梨香甜多汁，索性就用它
来取代西洋梨吧！意想不到
的美妙啊！煮好的红酒水梨
浸泡在红酒中，放入冰箱冷
藏可保存 5 天。

芒果奶酪
Mango panna cotta

| 分量‥4人份

材料‥

A
明胶——2 片
B
鲜奶——220 g
动物性鲜奶油——220 g
细砂糖——48 g
香草酱——4 g

芒果酱‥

新鲜熟透芒果——100 g
细砂糖——50 g

准备工作
：

明胶泡入冰水中备用。

1. 将材料B放入锅中，煮至50 ℃时关火。

2. 放入挤干水的明胶搅拌至化开。

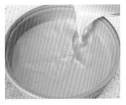

3. 用筛网过滤后，倒入容器中，放冰箱冷藏至凝固。

4. 芒果去皮随意切小丁，与细砂糖放入锅中。

5. 以小火煮至浓稠成芒果酱，放凉备用。

6. 取出做法3冷藏的奶酪，淋上芒果酱。

7. 可以再搭配一些切大丁的芒果（分量外）。

主厨的提示

除了芒果，可以更换喜欢的各种应季水果。

芒果舒芙蕾
Mango soufflé

I 分量‥2人份

材料‥

细砂糖——*60* g
鸡蛋——*4* 个
芒果泥——*50* g

准备工作‥

烤盅内先涂上一层无盐奶油（分量外），再裹上一层细砂糖（分量外）备用；鸡蛋的蛋白与蛋黄分开备用。将烤箱预热至 200 ℃。

主厨的提示

制作舒芙蕾很容易失败。只要记得烤盅内先抹上奶油，均匀裹上细砂糖，烘烤期间绝对不可以开烤箱，这样就很容易成功喔！

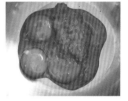

1. 先将蛋黄与芒果泥、30 g 细砂糖拌匀备用。

2. 蛋白先使用电动搅拌机以中速打至微发泡。

3. 将 30 g 细砂糖分两次放入，搅打至湿性发泡。

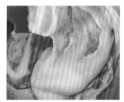

4. 先取 1/3 的打发蛋白与芒果蛋黄轻轻拌匀。

5. 再将剩下 2/3 的蛋白放入拌匀。

6. 将蛋糊填入烤盅，表面用抹刀抹平。

7. 边缘用手指将蛋糊抹干净。

8. 放入烤箱烤 13 ~ 15 分钟至蛋糊膨胀即可。

橙汁可丽饼

Crepes suzette

┃ 分量··4人份

面糊材料··

中筋面粉——*125* g
鸡蛋——*2* 个
鲜奶——*250* g
动物性奶油——*20* g
细砂糖——*15* g

橙汁酱··

柳橙——*5* 个
黄柠檬——*1* 个
细砂糖——*20* g
无盐奶油——*15* g

准备工作：

柳橙 2 个去皮取果肉，刨 1 个量的橙皮碎，另外 3 个榨汁；黄柠檬先取果肉，再将取完果肉的柠檬用力挤出一点柠檬汁备用。

1. 面糊材料全部放入钢盆，用打蛋器拌匀。

2. 拌匀的面糊放入冰箱冷藏一天再使用。

3. 平底锅抹一些无盐奶油（分量外），再放入面糊。

4. 将面糊煎到表面熟透，再翻面煎一下即可。

5. 将柳橙汁、柠檬汁与 20 g 细砂糖以小火煮浓缩至原来的 1/2。

6. 关火加无盐奶油拌匀，再放入柳橙、柠檬果肉及橙皮碎。

7. 最后将橙汁酱充分淋在做法 4 的可丽饼上即可。

主厨的提示

可丽饼的做法很简单，口味也丰富多变，可以多加些水果或优格搭配，想要"奢华"一些，也可以放一球冰淇淋。

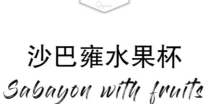
沙巴雍水果杯
Sabayon with fruits

I 分量··2人份

材料··

A
芒果——**100** g
红酒煮水梨——**100** g
B
蛋黄——**4** 个
细砂糖——**40** g
香草酱——**3** g
君度橙酒——**50** mL

 注

红酒煮水梨做法请参考 P.209

准备工作··

芒果去皮切丁；
红酒煮水梨切丁
备用。

1. 将材料 B 全部放入
钢盆中。

2. 使用电动打蛋器，
以隔水加热方式打
至膨发，制成沙巴
雍。

3. 将切好的水果丁装
入杯中。

4. 再倒入适量沙巴雍
即可。

主厨的提示

沙巴雍搭配的水果可以随
季节的转换而改变。在隔
水加热打发蛋黄时，若用
手打，一定要用力搅打才
会膨发喔！

手作巧克力雪糕
Homemade chocolate ice cream

| 分量··4人份

材料··

70% 纽扣巧克力—— **60** g　蛋黄—— **6** 个

细砂糖—— **150** g　　　动物性鲜奶油—— **700** g

装饰··

巧克力酱——适量　　巧克力碎——适量

准备工作：

70% 纽扣巧克力切碎备用。

1. 将50 g的细砂糖加入30 g（分量外）的水煮至沸腾。

2. 一边搅打蛋黄一边将糖浆缓缓注入打发。

3. 另取一调理盆，将鲜奶油与100 g细砂糖打发。

4. 接着放入巧克力碎拌匀。

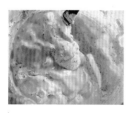

5. 分成两次，将奶油巧克力与打发蛋黄拌和。

6. 将蛋糊倒入铺有保鲜膜的容器中，放入冰箱冷冻。

7. 冻硬后，取出切块，撒上装饰材料即可。

主厨的提示

动物性鲜奶油先打发再拌和，是让这款巧克力雪糕质地非常细滑的关键。

巧克力提拉米苏
Chocolate Tiramisu

| 分量··6人份

材料··

70%纽扣巧克力—*30* g

A	B
蛋黄—*6* 个	马斯卡邦起司—*500* g
细砂糖—*90* g	手指饼干—*10* 片
香草酱—*3* g	咖啡液—*200* mL
	可可粉—*20* g

准备工作：

将 70% 纽扣巧克力以隔水加热方式融化后，放凉备用。

1. 将材料 A 用搅拌机高速打至膨发。

2. 接着加入马斯卡邦起司，改慢速拌匀。

3. 再放入融化的巧克力拌匀备用。

4. 将手指饼干蘸一下咖啡液后，放入容器中。

5. 再填上做法 3 的巧克力起司蛋糕。

6. 表面封上保鲜膜，放入冰箱冷藏至第二天。

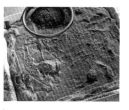

7. 食用前，表面撒上可可粉即可。

主厨的提示

超级经典又美味且做法简单的甜点，也可以使用玛莎拉酒取代咖啡液，做出来的提拉米苏会酒香四溢。

焦糖布丁
Caramel pudding

I 分量‥8人份

材料‥

A 鲜奶——**500** mL
B 鸡蛋——**4** 个
  细砂糖——**75** g
  香草酱——**3** g

焦糖酱‥

细砂糖——**100** g
清水——**30** mL

准备工作：

将焦糖酱材料一起放入小锅中，以小火煮至细砂糖溶化，煮时绝对不要搅拌，待煮至颜色变深褐色即关火，倒入耐热烤模中放凉备用。将烤箱预热至150℃。

主厨的提示

要做出光滑细致的布丁，在蒸烤前，务必确认表面是否还有气泡。如果有气泡，蒸烤出来的布丁就很容易会有气孔。

1. 将鲜奶倒入小汤锅里，煮至70℃，保温备用。

2. 材料B先拌匀，再边搅拌边倒入热鲜奶。

3. 将鲜奶蛋液用筛网过滤。

4. 接着使用厨房纸巾将表面的泡泡吸掉。

5. 先将耐热烤模移入烤盘，再注入鲜奶蛋液。

6. 烤盘内注入约1/3高度的热水。

7. 烤盘上盖铝箔纸，放入烤箱烤约40分钟。

8. 取出放凉，放入冰箱冷藏至少4小时。

卡士达酱
Caska cream

I 分量··4人份

材料··

鲜奶——**500** g
细砂糖——**100** g
蛋黄——**100** g
玉米粉——**15** g
无盐奶油——**48** g
手指饼干——**8** 片

1. 鲜奶与50 g细砂糖加热煮滚，关火备用。

2. 蛋黄、玉米粉和50 g细砂糖先搅拌均匀。

3. 将煮滚的鲜奶取1/3量倒入蛋黄中搅拌均匀。

4. 再将蛋黄糊倒回鲜奶锅中拌匀。

5. 开中小火，边搅拌边煮至蛋糊浓稠滚沸。

6. 关火，加入无盐奶油拌匀后，倒入容器中。

主厨的提示

卡士达酱做好倒入容器，趁热时就要盖上一层保鲜膜，这样可以防止放凉后，表面结硬皮而影响口感。另外，制作时不妨添加一些君度橙酒或柳橙皮来改变风味。

7. 表面封上保鲜膜，放入冰箱冷藏至冰凉。

8. 食用时搭配手指饼干即可。

米布丁
Creamy rice pudding

| 分量··6人份

材料··

意大利米——**100** g
鲜奶——**1000** mL
细砂糖——**150** g
香草酱——**4** g
豆蔻粉——**1/4** 小匙

主厨的提示

米布丁最后要保留一点汤汁后关火，否则很容易变得太干。另外也可使用国产米来取代意大利米，使用时记得鲜奶的分量要少一点喔！

1. 将材料全部放入深锅中。

2. 先用中火煮滚。

3. 接着转小火慢慢煮约 30 分钟。

4. 米粒熟透后关火放凉，再放入冰箱中保存即可。

本书中文简体版由成都天鸢文化传播有限公司代理，经日日幸福事业有限公司授予河南科学技术出版社有限公司独家发行，非经书面同意，不得以任何形式，任意重制转载。本著作限于中国大陆地区发行。

著作权备案号：豫著许可备字-2020-A-0026

图书在版编目（CIP）数据

专业主厨的地中海料理教本/谢宜荣著；徐博宇摄影. —郑州：河南科学技术出版社，2021.4

ISBN 978-7-5725-0347-4

Ⅰ.①专… Ⅱ.①谢… ②徐… Ⅲ.①食谱 Ⅳ.①TS972.12

中国版本图书馆CIP数据核字（2021）第039572号

出版发行：河南科学技术出版社
地址：郑州市郑东新区祥盛街27号　　邮编：450016
电话：（0371）65737028　　65788613
网址：www.hnstp.cn

策划编辑：李　洁
责任编辑：李　洁
责任校对：翟慧丽
封面设计：张　伟
责任印制：张艳芳
印　　刷：河南瑞之光印刷股份有限公司
经　　销：全国新华书店
开　　本：720 mm×1020 mm　1/16　　印张：14.5　　字数：220千字
版　　次：2021年4月第1版　　2021年4月第1次印刷
定　　价：68.00元

如发现印、装质量问题，影响阅读，请与出版社联系并调换。